Informations légales

© 2023
Auteur et éditeur : M.Eng. Johannes Wild
A94689H39927F
E-mail : 3dtech@gmx.de
Les mentions légales complètes du livre se trouvent dans les dernières pages !

Cette œuvre est protégée par le droit d'auteur

L'œuvre, y compris ses parties, est protégée par le droit d'auteur. Toute utilisation en dehors des limites strictes de la loi sur les droits d'auteur est interdite sans l'accord de l'auteur. Ceci s'applique en particulier à la reproduction électronique ou autre, à la traduction, à la diffusion et à la mise à disposition du public. Aucune partie de l'œuvre ne peut être reproduite, traitée ou diffusée sans l'autorisation écrite de l'auteur !

Toutes les informations contenues dans ce livre ont été rassemblées en toute bonne foi et soigneusement vérifiées. La maison d'édition et l'auteur ne garantissent toutefois pas l'actualité, l'exactitude, l'exhaustivité et la qualité des informations fournies. Ce livre est uniquement destiné à des fins éducatives et ne constitue pas une recommandation d'action. L'utilisation de ce livre et la mise en œuvre des informations qu'il contient se font expressément aux risques et périls de l'utilisateur. En particulier, aucune garantie ou responsabilité n'est donnée par l'auteur et l'éditeur pour les dommages matériels ou immatériels résultant de l'utilisation ou de la non-utilisation des informations contenues dans ce livre. Ce livre ne prétend pas être complet ni exempt d'erreurs. Toute revendication juridique ou de dommages et intérêts est exclue. Les contenus des pages Internet reproduites dans ce livre relèvent exclusivement de la responsabilité des exploitants des sites en question. La maison d'édition et l'auteur n'ont aucune influence sur la conception et le contenu des sites Internet tiers. La maison d'édition et l'auteur se distancient donc de tous les contenus étrangers. Au moment de l'utilisation, aucun contenu illégal n'était présent sur les sites Internet. Les marques et noms d'usage cités dans ce livre restent la propriété exclusive de leurs auteurs ou détenteurs respectifs.

Attention : le courant électrique peut être dangereux pour la vie !

Préface

Merci beaucoup d'avoir choisi ce livre !

<u>Attention</u> : ce livre est la suite du livre "Projets Arduino avec Tinkercad", ainsi que du livre pour débutants "Arduino | pas à pas". Ce livre s'adresse aux utilisateurs avancés d'Arduino et nécessite donc quelques connaissances de base. Il est préférable que tu travailles d'abord sur les deux livres mentionnés ci-dessus avant de commencer à utiliser ce livre.

Dans ce livre, nous allons créer ensemble et étape par étape quelques projets complexes et géniaux avec le microcontrôleur Arduino Uno. Pour la simulation et la programmation des projets, nous utilisons - comme dans le livre précédent - le logiciel en ligne <u>gratuit</u> et facile à utiliser Tinkercad d'Autodesk. Dans Tinkercad, nous allons créer le schéma de chaque projet - ensemble et étape par étape -, créer la programmation à l'aide de la méthode de programmation basée sur les blocs et simuler le fonctionnement. Dans chacun des projets, nous utiliserons des capteurs, par exemple un capteur de force, un capteur d'inclinaison, un capteur d'humidité du sol ou un capteur de lumière ambiante et d'autres composants. Nous intégrons également des actionneurs (servomoteur, piezo ...) qui effectueront une action programmée spécifique.

Je suis ingénieur (M.Eng.) et je souhaite te présenter les thèmes de l'électronique, d'Arduino et de la programmation basée sur les blocs avec Tinkercad, orientés vers l'application, ludiques et expliqués de manière simple à l'aide de projets DIY. Pour cela, tu trouveras dans les deux premiers chapitres de ce livre un très <u>bref</u> rappel sur Arduino et le programme Tinkercad (environ 5 pages). Si tu as besoin d'une introduction plus détaillée, tu devrais jeter un coup d'œil aux livres précédents de cette série. Ensuite, nous suivrons cinq projets plus complexes que nous réaliserons ensemble et pas à pas (composants, schéma, câblage, programmation). C'est parti !

Table des matières

1 Volume d'apprentissage

Ce qui t'attend dans ce livre et ce que tu vas apprendre

Dans ce guide, tu trouveras cinq projets passionnants et superbes que nous réaliserons ensemble, étape par étape. Ces projets sont un peu plus complexes, car ce livre est destiné aux utilisateurs avancés. Pour les projets électroniques, nous utilisons le microcontrôleur Arduino, ainsi que le logiciel Tinkercad d'Autodesk. Dans les deux premiers chapitres, tu trouveras un très bref rappel sur Arduino et le programme Tinkercad (environ 5 pages). Si tu as besoin d'une introduction plus détaillée, tu devrais jeter un coup d'œil aux livres précédents de cette série, dont les titres sont mentionnés dans la préface.

Dans ce livre, tu seras également invité à réaliser des étapes individuelles ou même un projet entier de manière autonome. La solution se trouve naturellement dans les pages suivantes. Essaie de suivre ces instructions, c'est ainsi que tu apprendras le mieux !

Ce livre contient les projets suivants :

- Projet DIY 1 : Phares pliants de voiture avec feux de croisement automatiques
- Projet DIY 2 : Système d'alarme complexe avec différents capteurs
- Projet DIY 3 : Surveillance et approvisionnement des plantes
- Projet DIY 4 : Aide au stationnement et surveillance de l'air du garage
- Projet DIY 5 : Mini piano

2 Qu'est-ce qu'un Arduino ? | Rafraîchir les anciennes connaissances

En termes simples, un Arduino n'est rien d'autre qu'un petit mini-PC ou un microcontrôleur très simple, capable d'enregistrer des signaux d'entrée, de les traiter en interne et de les convertir en signaux de sortie correspondants. Un signal d'entrée pourrait être par exemple la lumière du soleil qui tombe sur un capteur. Le signal de sortie correspondant pourrait par exemple commander un moteur (de stores). Il existe différents modèles d'Arduino. Pour nos projets, nous utilisons dans ce livre uniquement l'Arduino UNO (https://www.arduino.cc/en/main/products).

Comment fonctionne un Arduino ? Le principe de base derrière chaque PC est le système binaire, basé sur les deux nombres "0" (OFF) et "1" (ON). La communication se fait dans un PC avec des combinaisons de ces deux chiffres. C'est exactement le même principe qui s'applique à Arduino. Les deux nombres binaires sont représentés ici par les tensions 5V ("1" ou valeur "HIGH") et 0V ("0" ou valeur "LOW"). Chaque broche d'une carte Arduino est dotée d'un numéro ou d'une désignation. Il existe différentes broches numériques et analogiques qui peuvent recevoir et envoyer des signaux. Tu peux connecter des capteurs ou d'autres composants, par exemple un moteur, à ces broches. La carte fonctionne avec un courant continu de 5V. L'Arduino possède aussi un processeur qui peut être programmé pour qu'il exécute les commandes souhaitées.

3 Qu'est-ce que Tinkercad ? | Rafraîchir les anciennes connaissances

Tinkercad est une plateforme en ligne de la société Autodesk sur laquelle tu peux réaliser des projets de nature technique. Le terme "Tinker" est anglais et signifie bricoler ou bidouiller. "CAD" signifie "Computer-Aided Design", c'est-à-dire la conception assistée par ordinateur. Avec Tinkercad, tu peux travailler sur des projets électroniques, programmer et aussi créer des objets 3D. La création d'objets 3D ne fait pas partie de ce livre.

Comme Tinkercad est un logiciel en ligne, tu ne peux et ne dois pas télécharger le logiciel, tu peux simplement travailler dans ton navigateur préféré. De plus, l'utilisation de Tinkercad est gratuite. Le groupe cible de Tinkercad est principalement constitué d'enfants et d'adolescents. Mais je pense que le programme convient aussi parfaitement aux adultes, surtout si tu es un débutant. C'est justement cette simplicité qui offre de nombreux avantages et des succès rapides dans la création d'objets 3D ou de circuits électroniques.

Tous les projets sont stockés dans le cloud et tu peux donc y accéder de n'importe où avec un ordinateur, un téléphone portable ou une tablette via Internet.

Créer un compte et commencer

Avant de pouvoir commencer à créer nos projets, nous devons d'abord créer un compte sur le site www.tinkercad.com. Si nous avons déjà un compte chez Autodesk, nous pouvons également l'utiliser pour nous connecter. Sinon, nous pouvons nous inscrire soit avec un compte Google ou Apple, soit - de manière plus classique - avec une adresse e-mail.

Une fois que tu t'es connecté, tu peux consulter et copier le projet en ligne dans Tinkercad en utilisant le lien correspondant au projet (tu trouveras le lien dans le projet correspondant au début du chapitre "Composants nécessaires"). Mais il est préférable de ne le faire qu'après avoir créé les projets toi-même, ou seulement si tu ne sais plus quoi faire à un moment donné. Sinon, tu n'auras pas un bon effet d'apprentissage.

Pour concevoir des circuits électroniques dans Tinkercad, nous devons nous trouver dans la section "Designs" **(2)** de la page d'accueil **(1)** de Tinkercad.

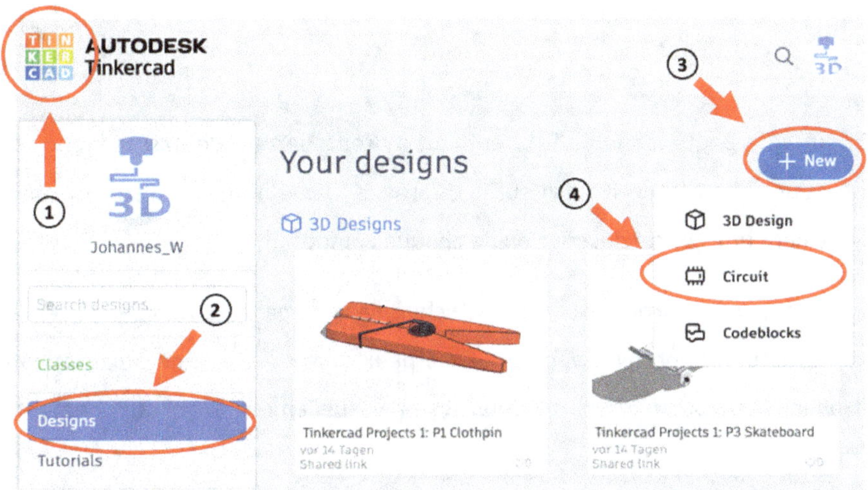

Ici, nous pouvons créer un nouveau circuit avec "+ New" **(3)** et "Circuit" **(4)**.

Dès que nous avons créé un nouveau projet "Circuit", l'espace de travail pour la création de circuits électrotechniques s'ouvre.

La zone grise est notre plan de travail, sur lequel nous concevons nos circuits. Tu peux utiliser la fonction de zoom à l'aide de la molette de la souris. Tu peux aussi déplacer les composants en maintenant le bouton gauche de la souris enfoncé, le bouton droit de la souris enfoncé ou la molette de la souris.

Sur le côté droit se trouvent tous les composants électroniques disponibles, par exemple une LED, une résistance, un interrupteur, un condensateur ou même une pile. Il y a aussi une fonction de recherche et la possibilité d'afficher encore plus de composants (passer de "Basic" à "All" dans le menu déroulant).

En outre, la petite icône de liste en haut à droite permet de passer à une autre disposition, la vue en liste. Il suffit d'essayer. Dans la vue de liste, tu obtiens également une courte description de chaque composant.

Tout en haut à droite, tu peux afficher le schéma électrique ou même la nomenclature du projet. Avec "Code", tu peux passer à la vue de programmation et avec "Start Simulation", tu peux tester virtuellement le fonctionnement du projet.

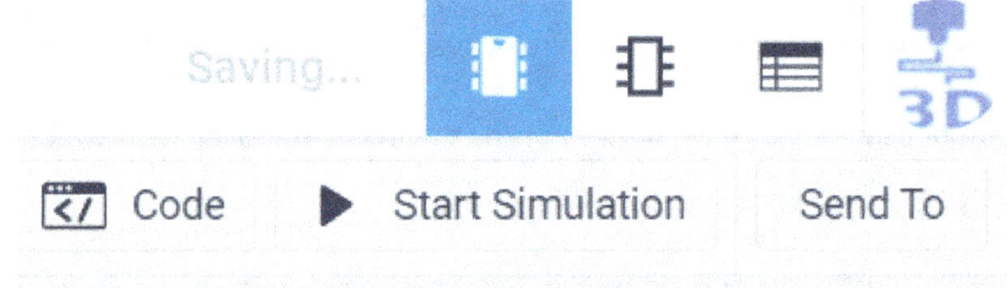

Fantastique ! Maintenant que nous avons brièvement rafraîchi nos connaissances de base sur Arduino et Tinkercad, nous pouvons commencer à acquérir de nouvelles connaissances. Nous le ferons de manière ludique à l'aide de projets DIY clairs. Comme dans la première partie de cette série de livres, nous travaillerons principalement avec la programmation par blocs dans Tinkercad, car elle offre une approche simple et géniale. Mais nous allons aussi jeter un coup d'œil au code basé sur le texte. C'est parti !

4 Projet 1 | Phares rabattables avec feux de croisement automatiques

Pour ce projet, nous imaginons les feux de croisement d'une voiture. Dans une voiture moderne, les feux de croisement s'allument et s'éteignent en fonction de la lumière ambiante. Par exemple, les feux de croisement s'allument lorsqu'il fait sombre dehors et s'éteignent lorsqu'il fait clair dehors. Selon le modèle, c'est aussi le cas lorsque tu entres ou sors d'un tunnel. Nous voulons simuler cette fonction avec un Arduino dans notre premier projet. Pour cela, nous utilisons un capteur de lumière ambiante. Un capteur de lumière ambiante surveille la lumière qui arrive sur le capteur et nous indique si l'environnement est clair ou sombre. Un tel capteur est d'ailleurs intégré dans la plupart des smartphones modernes, afin que la luminosité de l'écran puisse s'adapter automatiquement à la lumière ambiante.

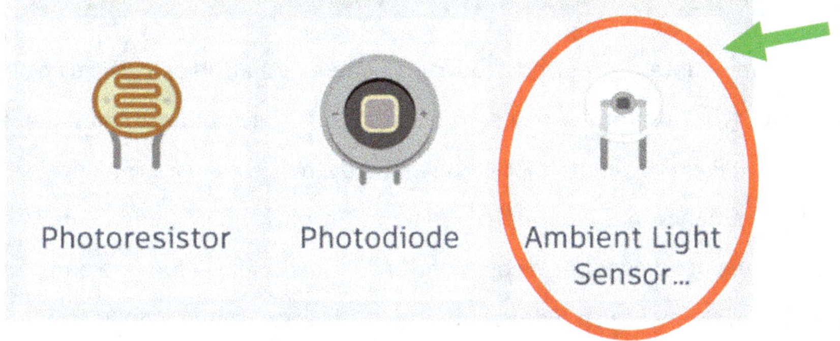

Nous ne voulons pas seulement que les deux feux de croisement, symbolisés par deux LED blanches dans notre projet, s'allument ou s'éteignent lorsqu'il fait sombre ou clair, mais nous voulons aussi contrôler la luminosité des LED en fonction de la lumière ambiante. Cela signifie que les LED doivent briller le plus fort lorsqu'il fait le plus sombre à l'extérieur et ne briller que très faiblement lorsqu'il fait clair à l'extérieur. Entre les deux, la luminosité doit varier en continu.

La luminosité actuelle des LED doit également être affichée sur le tableau de bord de la voiture à l'aide d'un écran LCD. Lorsque la luminosité des LED est maximale, c'est-à-dire lorsqu'il fait le plus sombre à l'extérieur, l'écran devrait être rempli de la manière suivante : ##########, lorsque les LED ne sont que faiblement allumées, mais seulement quelques-unes : ## apparaissent.

Pour rendre le projet un peu plus complexe, nous ne voulons pas installer de simples feux de croisement dans notre voiture, mais des phares pliants. On trouve parfois ce type de phares sur les vieilles voitures de sport. Ces phares s'ouvrent lorsque tu appuies sur un interrupteur.

Mais un simple interrupteur pour ouvrir les phares rabattables serait trop simple pour nous. Nous préférons que ce processus soit également automatique. Pour cela, nous utilisons le même capteur de lumière ambiante qui fournit déjà le signal pour la commande des feux de croisement. En plus, nous implémentons deux servomoteurs qui doivent être commandés en fonction de la lumière ambiante et qui exécutent le mécanisme de rabattement. Les servomoteurs doivent ouvrir les volets avec un mouvement de 90° dès que la lumière ambiante devient plus sombre et les refermer dès qu'il fait assez clair. Le volet doit donc s'ouvrir dès que le crépuscule s'installe à l'extérieur et se refermer dès qu'il fait jour à l'extérieur.

Cela semble un peu plus complexe, surtout parce que plusieurs processus doivent être mis en place. Mais ne t'inquiète pas, nous allons trouver une solution ensemble, étape par étape et en détail. Voyons d'abord de quels composants nous avons besoin pour ce projet, comment nous devons les câbler et ensuite, nous nous lancerons dans la programmation.

4.1 Composants nécessaires

Lien vers le projet Tinkercad : https://bit.ly/3Rgdnel

Nombre	Désignation
1	Arduino Uno
1	Breadboard (petite)
1	Capteur de lumière ambiante (ambient light sensor)
2	LED (blanc)
2	100 Ω Résistances pour LEDs
1	80 kΩ Résistance pour capteur de lumière ambiante
2	Servomoteur
1	Écran LCD 16×2 **(basé sur I2C et MCP23008)**

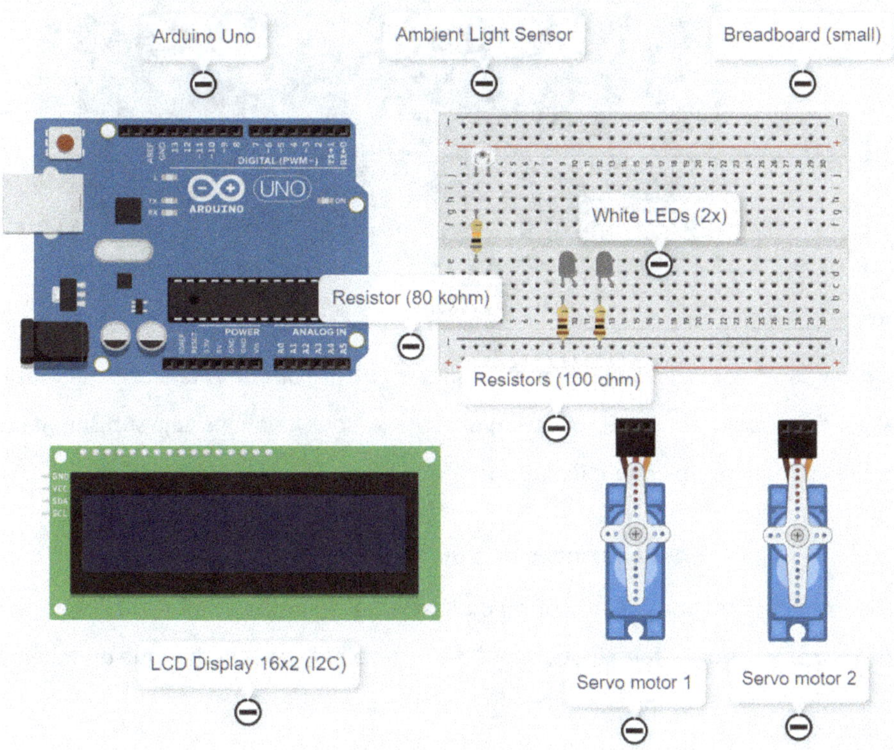

Remarques sur l'écran LCD 16×2 (I2C) :

Dans ce projet, nous utilisons un écran LCD de 16 rangées et 2 lignes (16×2) de type I2C. I2C signifie "Inter-Integrated Circuit" et désigne une méthode de communication. Par rapport à l'écran LCD normal 16×2 également disponible sans l'ajout de l'I2C, il est plus facile à câbler car il n'a que quatre connecteurs au lieu de seize. Deux des quatre ports de l'écran I2C sont destinés à l'alimentation (GND "-" et VCC "+"), de sorte que seuls deux ports sont nécessaires pour la communication des données (SDA et SCL). Le port SCL reçoit le signal d'horloge et le port SDA transmet les bits de données. Le type doit être un écran basé sur le MCP23008 (clic sur l'écran).

Il n'y a pas de détails supplémentaires sur les autres composants à ce stade, car il s'agit de résistances, de LED et de servomoteurs. Nous les avons déjà suffisamment traités dans le premier livre de la série.

4.2 La conception du schéma électrique

Dans ce chapitre, nous allons concevoir le schéma de notre système ou l'examiner de plus près. Pour ce faire, nous allons d'abord voir la vue schématique du schéma nécessaire. Dans l'étape suivante, nous construirons le circuit 1:1.

Schéma de câblage :

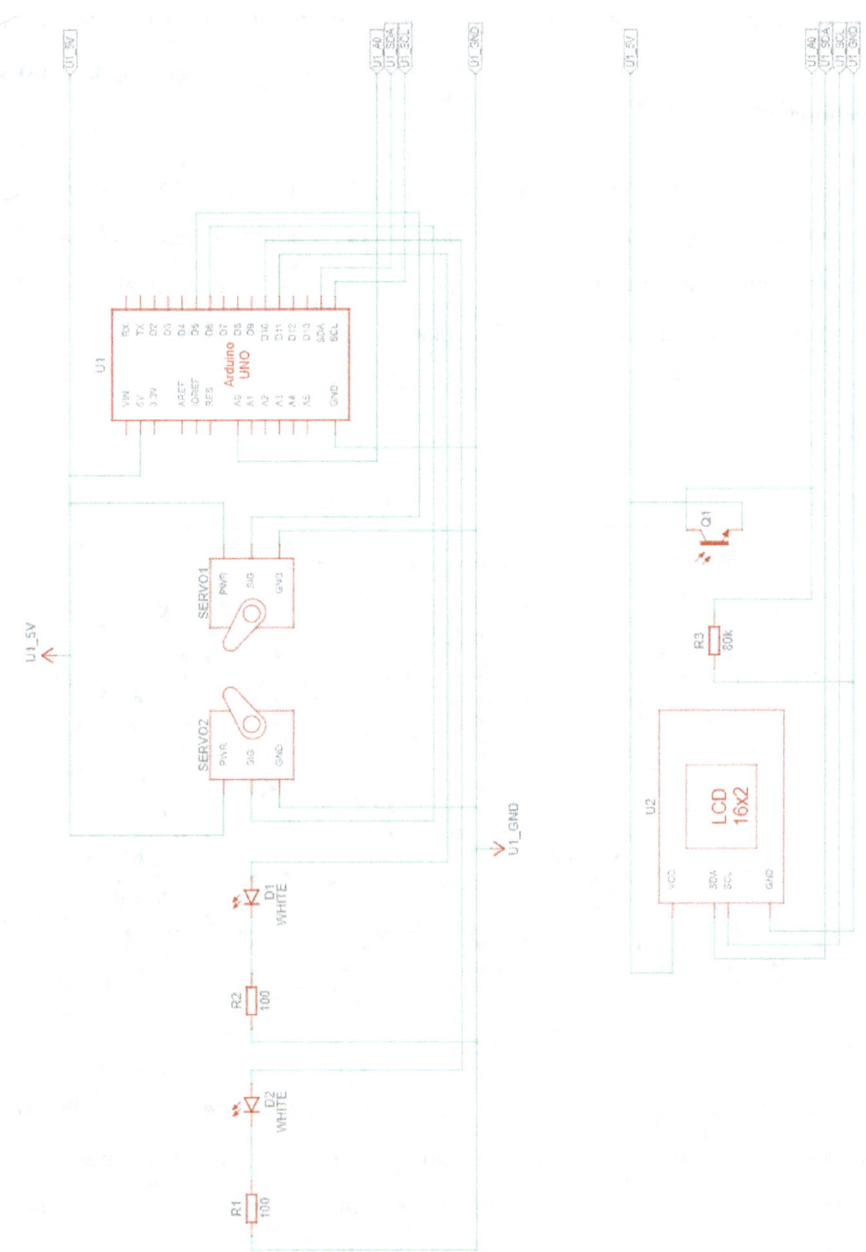

Pour la construction du circuit dans Tinkercad, nous commençons par la breadboard comme point de départ au milieu du circuit. Pour cela, nous passons de "Basic" à "All" dans la barre de menu de droite sous "Components" afin d'avoir tous les composants à disposition. Nous pouvons aussi utiliser la fonction de recherche.

Nous avons d'abord besoin d'un capteur de lumière ambiante (Ambient Light Sensor) que nous plaçons en haut à gauche du breadboard. Nous avons également besoin d'une résistance de 80 kΩ pour ce capteur. En outre, nous ajoutons deux LED blanches (sélectionner la LED rouge dans les composants puis changer la couleur en blanc) avec une résistance de 100 Ω chacune.

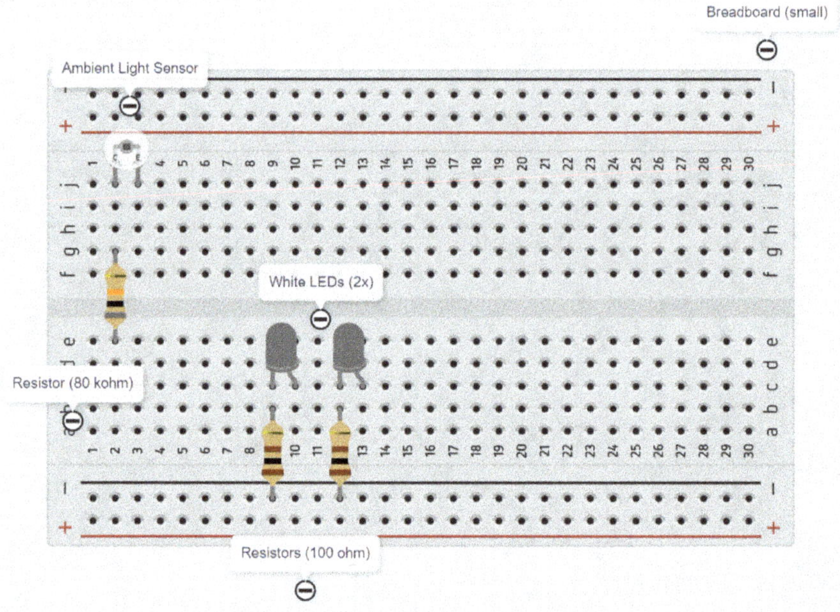

Dans l'étape suivante, nous plaçons un Arduino Uno à gauche de la breadboard et connectons nos composants placés jusqu'à présent. Pour cela, nous mettons une connexion bleue du capteur de lumière ambiante à l'entrée analogique A0 de l'Arduino. Cette connexion nous fournit le signal. Notre capteur de lumière ambiante est un simple phototransistor (combinaison d'une photodiode et d'un

14

transistor ; pour des courants plus élevés par rapport à la photodiode), qui dispose d'une connexion d'émetteur (E) et d'une connexion de collecteur (C). Nous connectons le pôle positif (5V) de notre source d'énergie (carte Arduino) à l'émetteur (E) et le pôle négatif (GND) au collecteur du capteur via la résistance. Les LED sont déjà connectées au pôle négatif de la carte pour le placement correct des résistances sur leur cathode (-). Nous connectons les deux anodes des LED (+) à la broche 10 ou 11 de l'Arduino. Pour finir, nous alimentons la breadboard en électricité en plaçant un fil noir entre "GND" et "-", et un fil rouge entre 5V et "+".

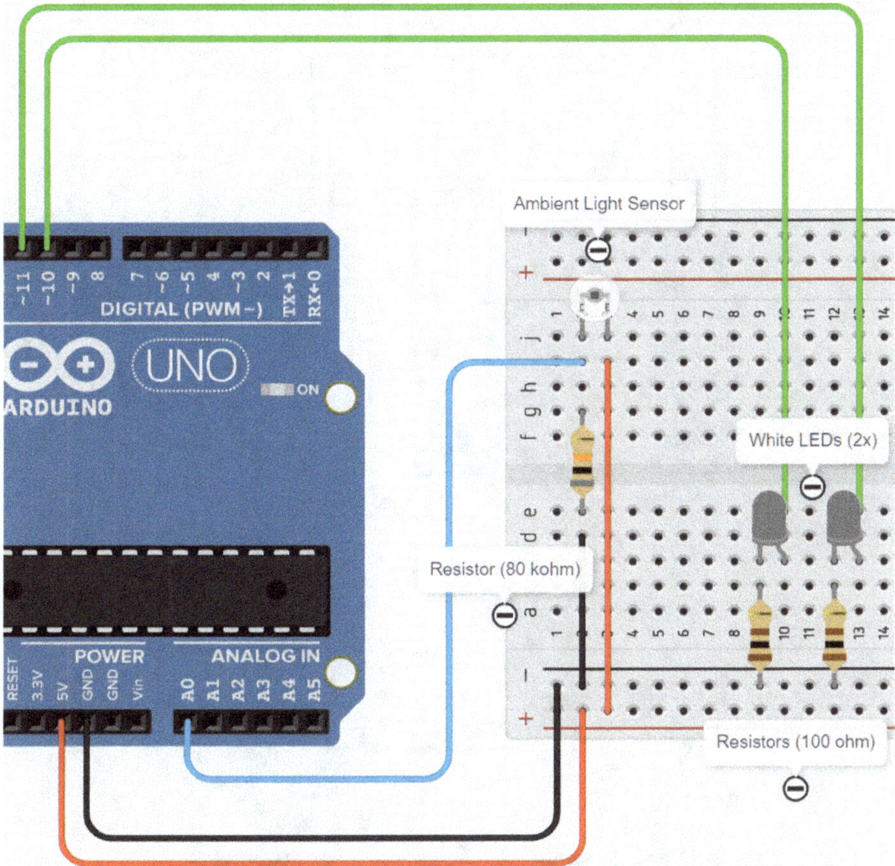

Il nous manque maintenant les connexions entre Arduino et l'écran ainsi que les connexions pour les servomoteurs. Les servomoteurs ont trois connexions. Deux d'entre eux sont pour l'alimentation (VCC : "+" et GND : "-") et un est pour le signal de commande. Nous connectons les servomoteurs à l'alimentation du breadboard et mettons une ligne de signal violette à chacune des broches Arduino 5 ou 6. Nous connectons également l'écran en premier à l'alimentation du breadboard. Nous connectons les deux lignes de signal (SDA et SCL) tout en haut à gauche (à côté des PIN numériques ainsi que GND et AREF) sur l'Arduino. Ces deux broches de l'Ardunio sont prévues pour SDA et SCL, mais ne sont malheureusement pas étiquetées ici (il y a une étiquette dans le schéma de câblage).

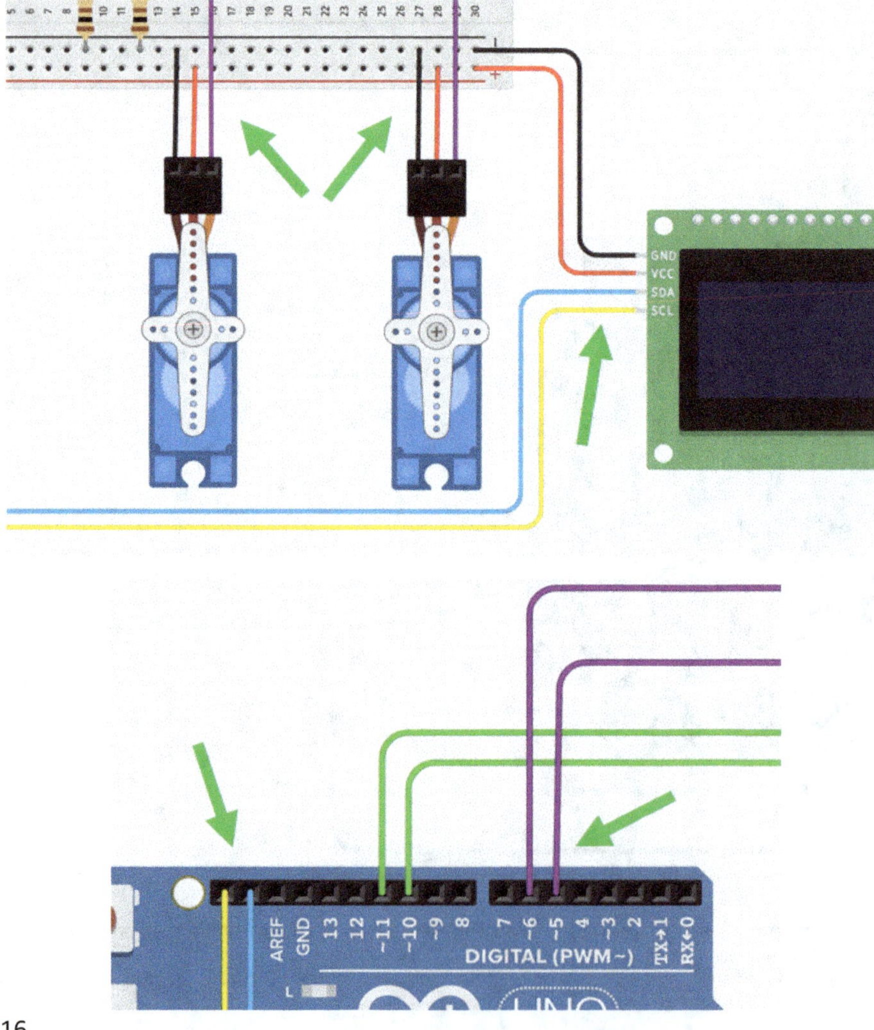

Schéma de câblage complet :

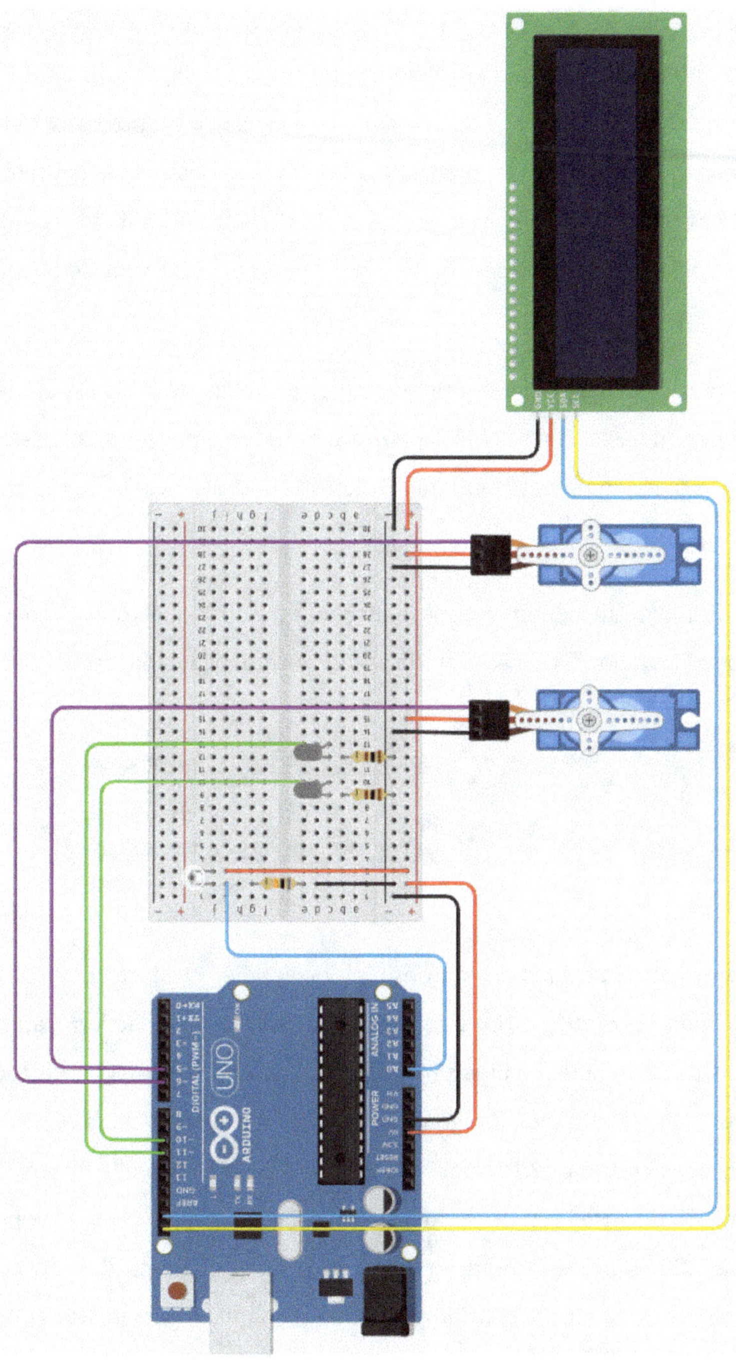

4.3 Développement du code du programme

Après avoir câblé avec succès notre premier projet, nous nous attaquons à la programmation nécessaire dans l'étape suivante. Comme nous l'avons déjà mentionné, nous utilisons la programmation basée sur les blocs dans Tinkercad. Pour pouvoir commencer la programmation, nous passons à la fenêtre de programmation en cliquant sur le bouton "Code" en haut à droite. Nous sélectionnons également "Blocs" dans le menu déroulant et supprimons tous les blocs existants.

Comme nous l'avons déjà appris dans le premier livre de la série, une programmation basée sur des blocs peut toujours se composer à la base de trois blocs : "title block comment" (optionnel), "on start" et "forever".

Étape 1

Dans un premier temps, nous créons le bloc de titre optionnel (qui se trouve dans la catégorie "Notation") et y écrivons le texte "automatic headlights".

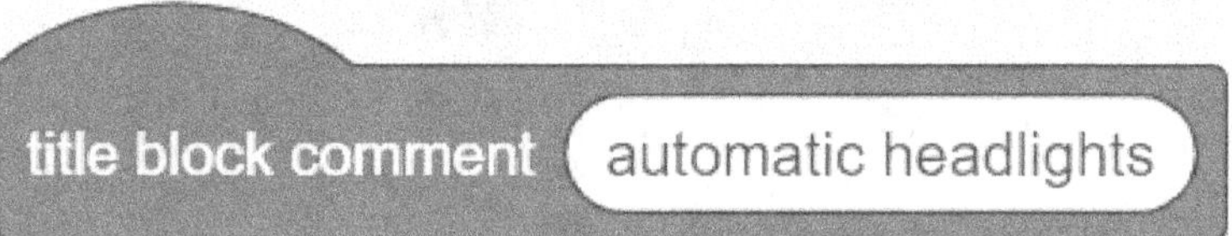

Étape 2

Dans la deuxième étape, nous ajoutons un bloc appelé "on start", que l'on trouve dans la section **"Control"** de Tinkercad. Ce bloc ressemble à la section "setup" dans un code Arduino simple. Le bloc sert à exécuter une certaine ligne de code une seule fois au démarrage du programme. Quel code devons-nous exécuter une seule fois dans ce projet ? L'initialisation de l'écran LCD. Nous le faisons avec la commande "configure LCD" de la catégorie "Output". Comme nous n'avons qu'un seul écran LCD, il porte le numéro 1 et l'adresse 32. Le type d'écran est : I2C MCP23008. Nous trouvons ces informations en cliquant sur l'écran. Nous pourrions aussi les modifier ici si tu le souhaites. Les blocs précédents ne seront <u>pas</u> toujours représentés pour une meilleure visualisation dans la suite, tu peux simplement placer les blocs en dessous du bloc précédent.

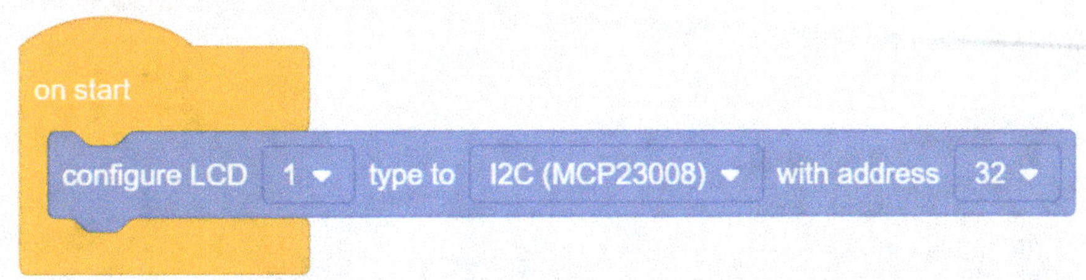

Étape 3

Ensuite, dans la catégorie "Variables", nous créons les trois variables : "light_val", "control" et "level".

A partir d'ici, tu peux - si tu le souhaites - passer à la vue "blocs + texte" dans le menu de sélection, de sorte que tu puisses voir non seulement le code du bloc, mais aussi le code du texte. Cela peut d'une part être déroutant - il vaut mieux revenir en arrière - et d'autre part t'offrir plus d'informations.

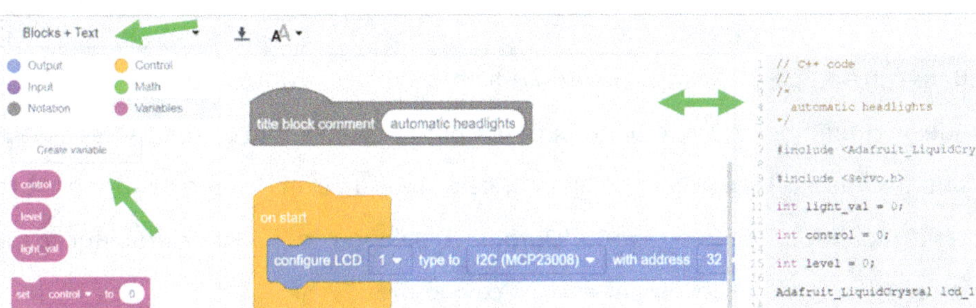

Étape 4 :

Maintenant, nous avons besoin d'un bloc "forever" qui contient le code qui doit être exécuté en boucle (analogue à void loop () dans le code basé sur du texte).

Comme nous avons d'abord besoin d'un signal avec lequel nous pouvons ensuite contrôler quelque chose, la première étape consiste à lire la valeur du capteur de lumière ambiante. Nous le faisons avec "read analog pin A0" (broche de connexion du capteur). Nous voulons attribuer la valeur à la variable "light_val" dans la même étape avec "set ... to ...". Ensuite, nous devons convertir la valeur analogique que nous fournit le capteur (plage de 0 à 1023) en une valeur numérique (0 à 255). Nous le faisons avec la fonction "map ... to range ..." de la catégorie "Math". Nous utilisons pour cela la nouvelle variable "control".

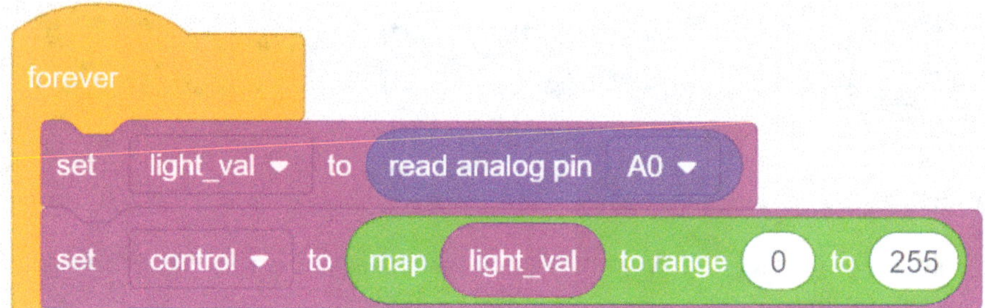

Si tu veux en savoir plus sur la fonction "map ()" ou même sur d'autres fonctions, le mieux est de lire la description détaillée de chaque fonction en ligne, directement sur arduino.cc. Voici le lien vers la fonction "map": https://www.arduino.cc/reference/en/language/functions/math/map/

Étape 5 :

Dans cette étape, nous implémentons une possibilité de contrôle pour nous en tant que programmeur. Nous voulons par exemple que la valeur mesurée par le capteur soit affichée sur le moniteur série. Pour cela, nous utilisons la commande "print to serial monitor ..." de la catégorie "Output". D'ailleurs, nous sommes toujours dans la zone "forever" actuellement et dans ce qui suit.

La valeur du capteur de lumière nous est alors affichée sur le moniteur série de la manière suivante (Light Value :→ valeur de mesure analogique→ valeur numérique) :

```
Serial Monitor
Light Value :   4/1
117
Light Value :   471
117
Light Value :   1009
251
```

Étape 6 :

Ensuite, nous implémentons le calcul pour les valeurs de nos LED. Rappelons brièvement le fonctionnement. Nous voulons que les LED soient les plus lumineuses lorsqu'il fait le plus sombre dehors. Comment pouvons-nous réaliser cela ? Avec une équation mathématique très simple. Nous pouvons piloter les LED avec les broches de sortie numérique 10 ou 11 avec une valeur entre 0 et 255 (0 = pas de flux de courant, 255 = flux de courant maximal). Maintenant, nous déduisons simplement la valeur que notre capteur fournit (après la conversion en numérique). Cela signifie que les LED sont pilotées avec 255 - valeur du capteur (variable : "control" pour la valeur numérique). Lorsqu'il fait sombre, le capteur fournit la valeur 0, c'est-à-dire 255 - 0 = 255 (les LED s'allument avec une luminosité maximale). S'il fait grand jour dehors, le capteur fournit la valeur analogique 1023, que nous avons convertie en 255 avec "map". Cela signifie : 255 - 255 = 0 (les LED ne s'allument pas). Et dans la zone entre les deux, il y a une commande continue. C'est exactement ce que nous voulions ! En code de bloc, cela ressemble à ceci :

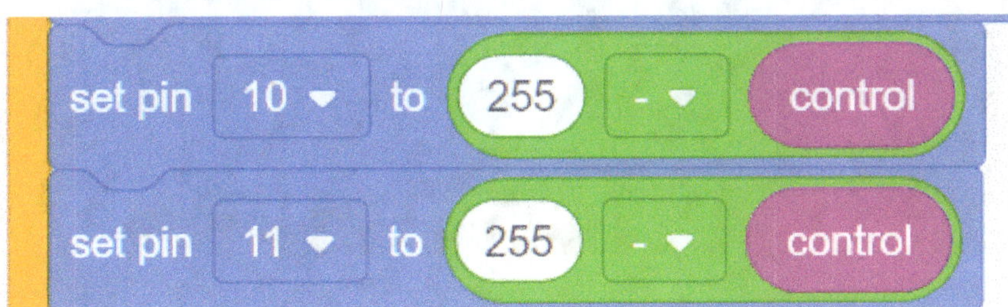

Étape 7 :

Nous avons déjà mis en place les feux de croisement automatiques. Maintenant, nous nous occupons des deux servomoteurs qui doivent contrôler le mécanisme de pliage de nos phares. Pour cela, nous avons besoin d'une condition "if ... else". Nous voulons que les phares s'ouvrent à partir d'une certaine luminosité. Pour cela, nous utilisons la variable "control" qui nous donne la valeur de la luminosité (0-255). Nous pouvons maintenant définir une valeur à partir de laquelle les projecteurs doivent s'ouvrir, par exemple la valeur "100". Mais tu peux aussi choisir une autre valeur si tu la trouves trop sombre ou trop claire. Le bloc de code suivant doit dire ceci : si la valeur de la luminosité dépasse la valeur 100, les deux servomoteurs doivent tourner vers la position 90° (tu peux aussi utiliser une autre valeur, par exemple 180°). Dans le cas contraire (si la valeur reste inférieure à 100), les servomoteurs doivent tourner vers la position 0°. Essaie de mettre en œuvre cette condition "if ... else" avant de jeter un coup d'œil à l'image (la solution).

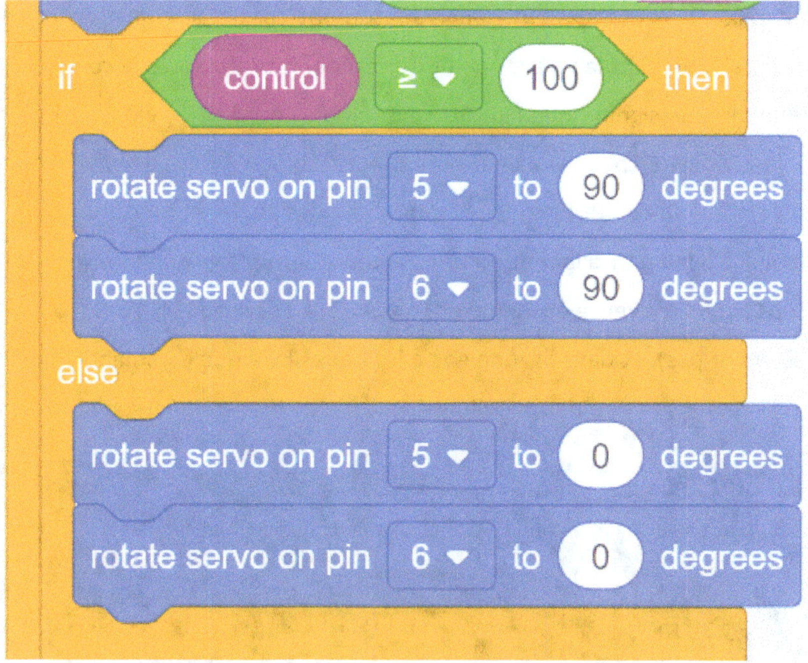

Étape 8 :

Super ! Maintenant, nous sommes presque prêts. Il nous manque encore l'affichage de l'intensité lumineuse des LED sur l'écran, que nous pourrions par exemple fixer sur le tableau de bord de la voiture. Pour cela, nous devons d'une part déterminer la position du texte affiché sur l'écran et d'autre part déterminer le texte qui doit être affiché. Nous faisons cela avec "set position on LCD ..." et "print to LCD ...". Pour que l'intensité nous soit maintenant affichée sous la forme d'un ou plusieurs symboles "#", nous devons d'abord classer la valeur du capteur de lumière ambiante à l'aide de la variable "level" et de la fonction "map" (similaire à l'étape 4). Nous voulons afficher 16 symboles "#" lorsque les LED sont allumées, c'est pourquoi les valeurs du capteur doivent être converties dans la plage 16 à -1. Nous avons besoin de -1 pour qu'aucun symbole "#" ne s'affiche lorsque les LED sont éteintes ou que la lumière ambiante est maximale. Avec 0 au lieu de -1, nous aurions encore un symbole "#".

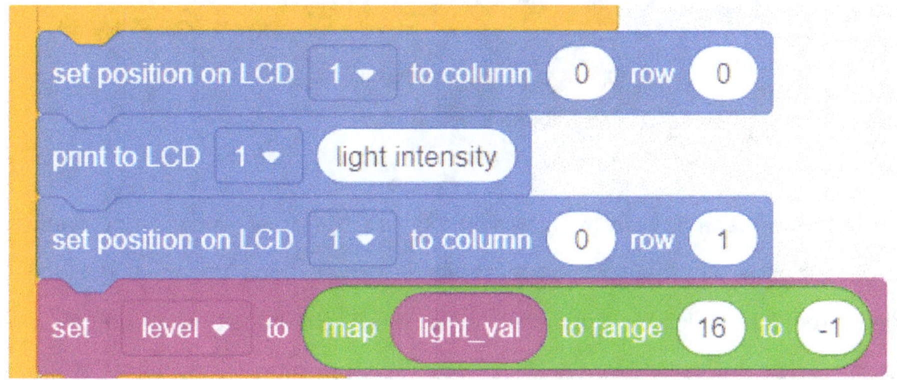

Étape 9 :

Dans cette dernière étape, nous implémentons maintenant deux boucles "for" qui nous permettent d'afficher l'intensité graduée sur l'écran. Pour cela, nous utilisons deux fois le bloc de code "repeat" de la section "Control". Celui-ci est comparable à une boucle "for" dans un code basé sur du texte. Nous voulons afficher un symbole "#" à la fois ("print to LCD ...") tant que la variable de comptage interne est inférieure à la valeur de la variable "level". Cela signifie simplement qu'un symbole # est affiché en premier, puis un autre, c'est-à-dire ##, puis ###, et ainsi de suite, jusqu'à ce que le nombre de symboles (variable de comptage interne) soit égal à la valeur de la variable level (intensité de la lumière ambiante convertie). Pour annuler ce processus lorsque la luminosité des LED est plus faible, nous retirons un symbole "#" dans une autre boucle "for" ("repeat ...") jusqu'à ce que l'affichage corresponde à la valeur de la variable.

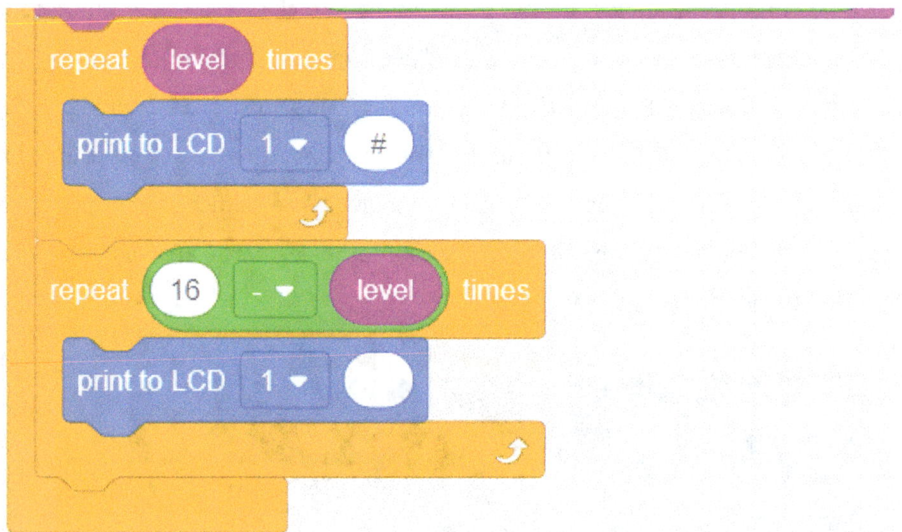

Parfait ! Maintenant, nous avons terminé le code de programmation du premier projet. Il est maintenant temps d'essayer le projet dans Tinkercad. Pour cela, démarre la simulation en cliquant sur le bouton "Start Simulation" et clique sur le capteur de lumière ambiante. Un curseur apparaît alors, avec lequel tu peux simuler l'intensité de la lumière ambiante. Déplace le curseur (lentement) de gauche à droite et, après une pause, de droite à gauche et regarde ce qui se passe. Le système réagit avec un peu de retard, tu dois donc attendre quelques secondes pour que, par exemple, les valeurs soient actualisées sur l'écran. Ci-dessous, tu trouveras encore le code du programme dans une représentation globale :

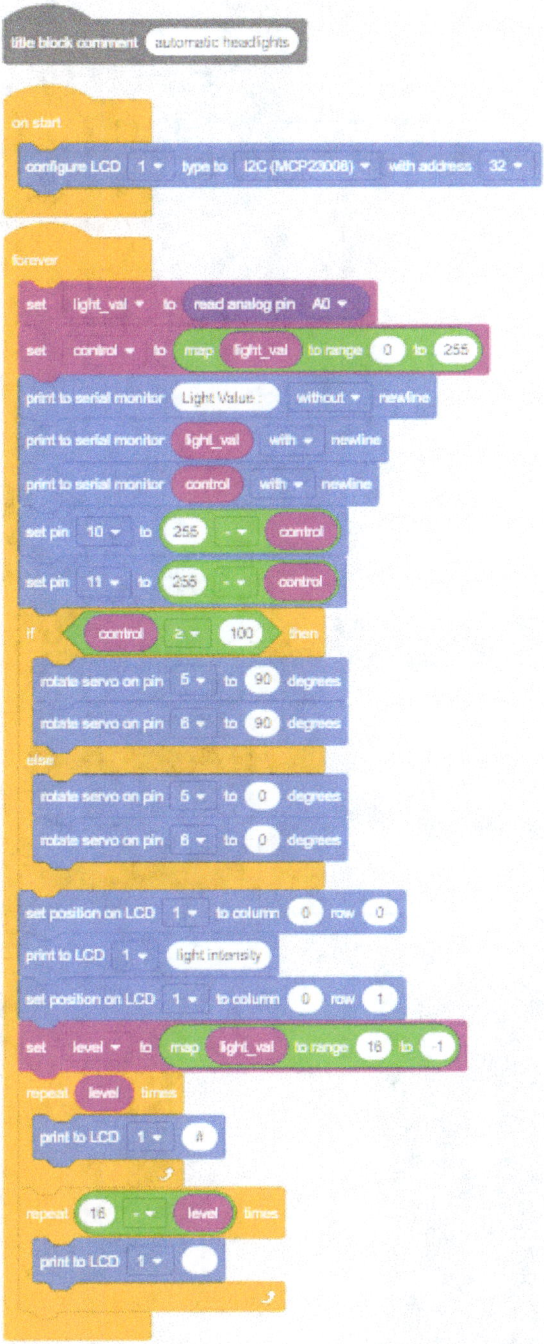

title block comment (automatic headlights)

on start
configure LCD 1 ▼ type to I2C (MCP23008) ▼ with address 32 ▼

forever
set light_val ▼ to read analog pin A0 ▼
set control ▼ to map light_val to range 0 to 255
print to serial monitor Light Value : without ▼ newline
print to serial monitor light_val with ▼ newline
print to serial monitor control with ▼ newline
set pin 10 ▼ to 255 - ▼ control
set pin 11 ▼ to 255 - ▼ control
if control ≥ ▼ 100 then
    rotate servo on pin 5 ▼ to 90 degrees
    rotate servo on pin 6 ▼ to 90 degrees
else
    rotate servo on pin 5 ▼ to 0 degrees
    rotate servo on pin 6 ▼ to 0 degrees
set position on LCD 1 ▼ to column 0 row 0
print to LCD 1 ▼ light intensity
set position on LCD 1 ▼ to column 0 row 1
set level ▼ to map light_val to range 16 to -1
repeat level times
    print to LCD 1 ▼ A
repeat 16 - ▼ level times
    print to LCD 1 ▼

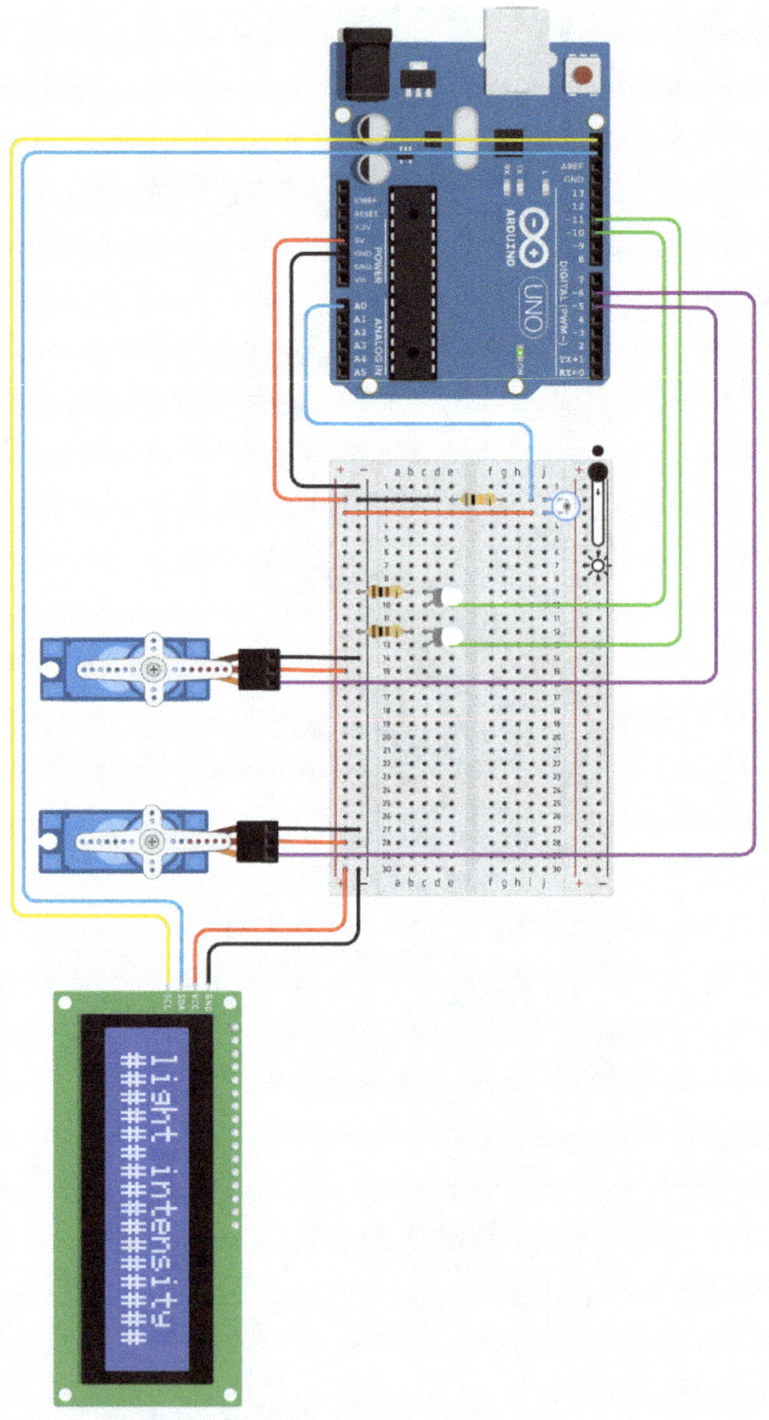

light intensity

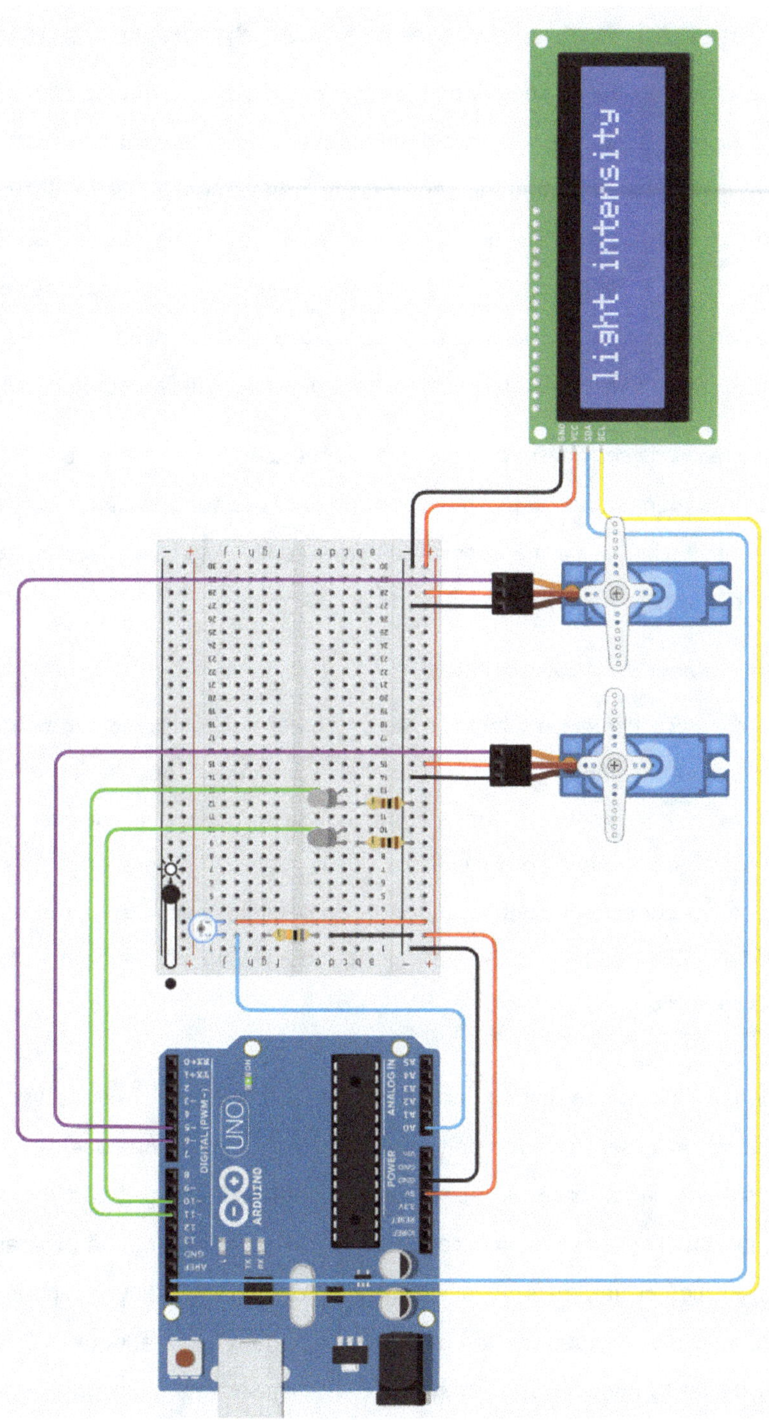
light intensity

5 Projet 2 | Système d'alarme avec différents capteurs

Dans ce projet, nous allons développer un système d'alarme. Nous utiliserons deux types de capteurs différents pour détecter les cambrioleurs. D'une part, nous voulons mettre en œuvre deux capteurs de mouvement qui peuvent chacun détecter un mouvement dans une pièce séparée. D'autre part, nous utilisons deux capteurs de force qui envoient un signal dès qu'une force est exercée sur eux. Le capteur de force pourrait par exemple être placé sous un paillasson près d'une porte et dès que le cambrioleur marche sur le paillasson, le capteur l'enregistre.

Si au moins un de ces quatre capteurs (2x capteurs de mouvement et 2x capteurs de force) ou même deux ou plusieurs d'entre eux détectent un signal, une alarme doit se déclencher. L'alarme sonore doit être générée par un piezo et l'alarme visuelle par le clignotement alterné de deux LED rouges.

Rafraîchissement sur le capteur PIR :

Un capteur PIR ("Pyroelectric Infrared Sensor" ou "Passive Infrared Sensor") est un composant semi-conducteur qui peut détecter les mouvements. En fait, le capteur détecte les changements de température, qui se traduisent à leur tour par des changements de tension. Lorsqu'un être vivant (chaleur corporelle) ou une autre source de chaleur est détecté dans la zone de détection, le capteur fournit un signal numérique "HIGH" (5V). Nous verrons tout de suite dans le schéma comment utiliser les trois connexions.

Cependant, l'alarme ne doit se déclencher que si le système d'alarme est activé. L'activation ou la désactivation doit être possible en entrant un code. Dans le cas de la programmation basée sur les blocs, nous entrerons ce code via le moniteur sériel, car un "keypad" avec des codes de bloc n'est pas si facile à programmer. Mais à la fin du projet, nous verrons comment compléter un "keypad" pour entrer le code avec une programmation basée sur le texte. En outre, deux LED (vert et rouge) doivent indiquer l'état du système d'alarme. La LED verte doit s'allumer lorsque le système est actif, et la LED rouge doit s'allumer lorsque le système d'alarme est désactivé. De plus, l'écran doit accompagner le processus d'activation et de désactivation d'un texte (entrer le code ; système actif ; entrer le code ; système non actif). Le code pour l'activation du système d'alarme doit être par exemple 0378493, le code pour la désactivation doit être par exemple 2047291. Mais tu peux aussi implémenter n'importe quel autre code.

5.1 Composants nécessaires

Lien vers le projet Tinkercad : https://bit.ly/3yqcJCi

Nombre	Désignation
1	Arduino Uno
1	Breadboard (petite)
2	Capteur de force (force sensor)
2	Détecteur de mouvement (PIR sensor)
6	1 kΩ Résistances
1	Piézo
1	Écran LCD 16×2 **(basé sur I2C et MCP23008)**
4	LED (3x rouge et 1x vert)

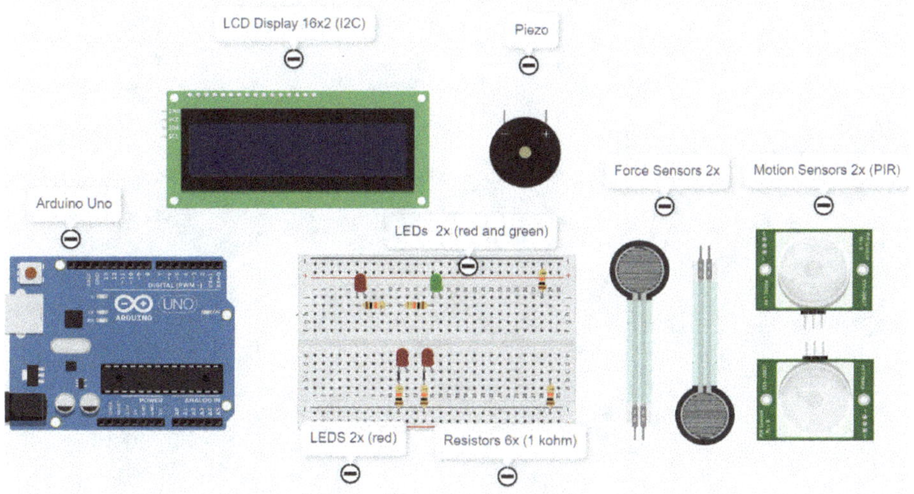

5.2 La conception du schéma électrique

Tout d'abord, nous allons à nouveau concevoir le schéma de notre système. Pour cela, voici d'abord une vue schématique du schéma électrique dont tu as besoin :

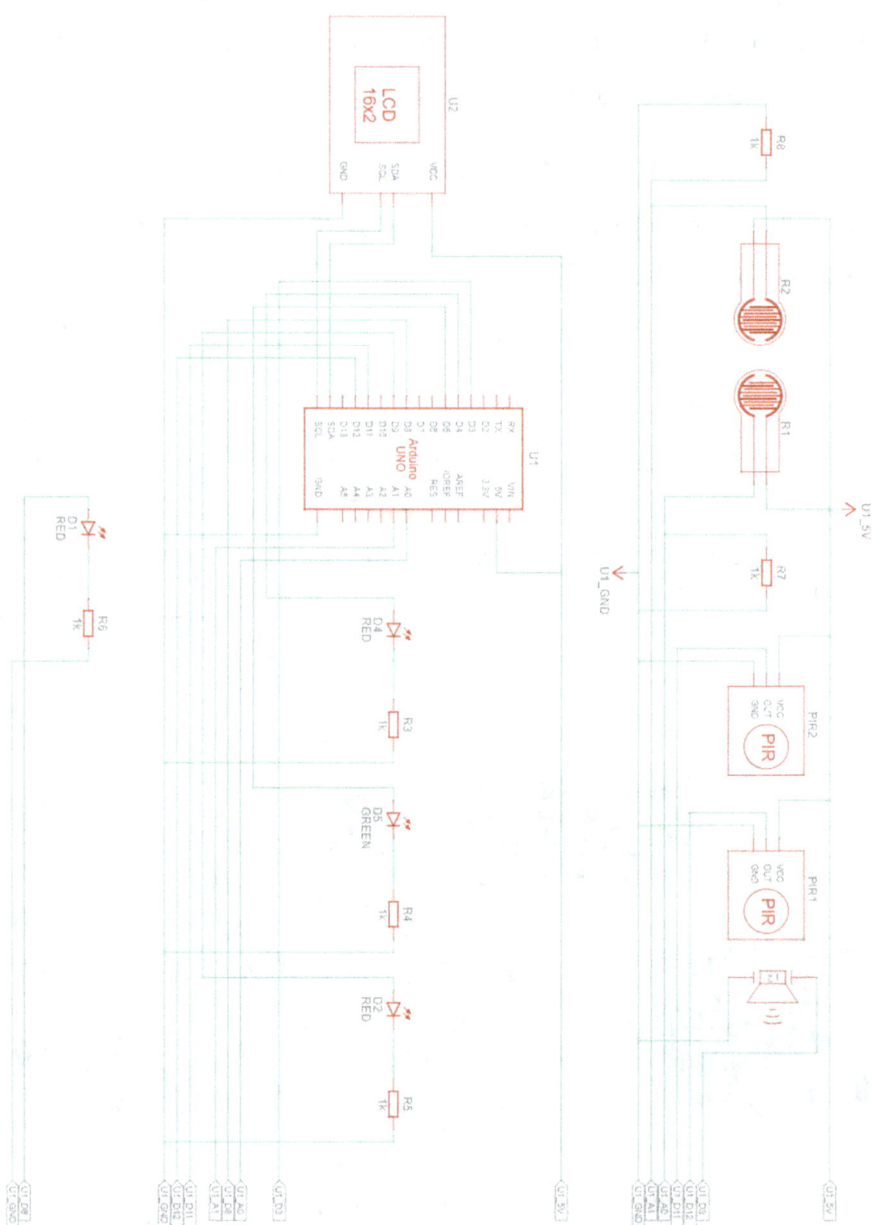

Pour la construction du circuit dans Tinkercad, nous commençons à nouveau avec le breadboard comme point de départ au milieu du circuit. De plus, dans la barre de menu de droite, nous passons à nouveau de "Basic" à "All" dans "Components", afin de trouver également tous les composants.

Dans un premier temps, nous positionnons les LED et les résistances comme indiqué. Veille à ce que les résistances soient correctement placées. Pour alimenter le breadboard en haut et en bas, nous mettons aussi des câbles noirs et rouges de la broche 5V et GND de l'Arduino au breadboard. Ensuite, nous avons besoin de quelques lignes noires supplémentaires pour que tous les composants soient reliés à la masse (GND).

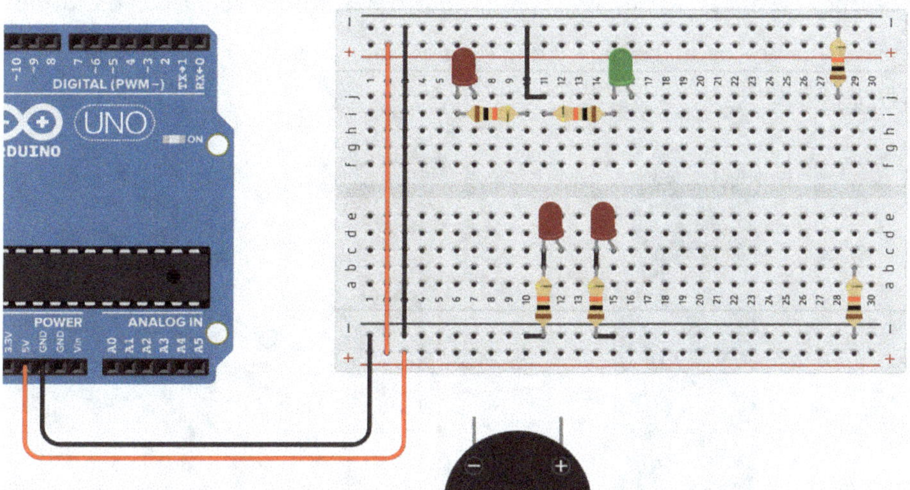

Dans l'étape suivante, nous connectons toutes les LED à l'Arduino. Pour ce faire, nous créons une connexion entre l'anode de chaque LED et une broche numérique de l'Arduino. Nous utilisons pour cela les broches numériques 4, 5, 8 et 9. Les couleurs des lignes (rouge, vert, violet, rose) ne sont pas importantes, mais elles doivent être différentes les unes des autres pour avoir une meilleure vue d'ensemble ou un meilleur contraste.

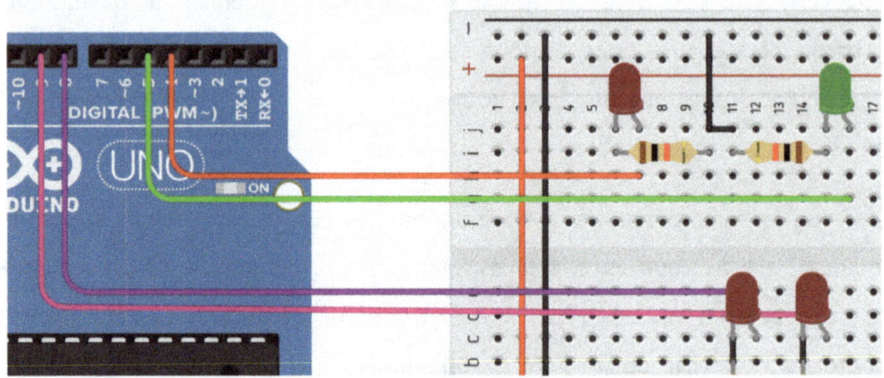

Ensuite, nous alimentons le buzzer piézoélectrique qui doit produire notre son d'alarme. Nous connectons simplement la borne négative du piézo à la ligne de broches négatives "-" du breadboard. Nous connectons la connexion positive du piézo à la broche numérique 3 de l'Arduino, afin de pouvoir contrôler le flux de courant.

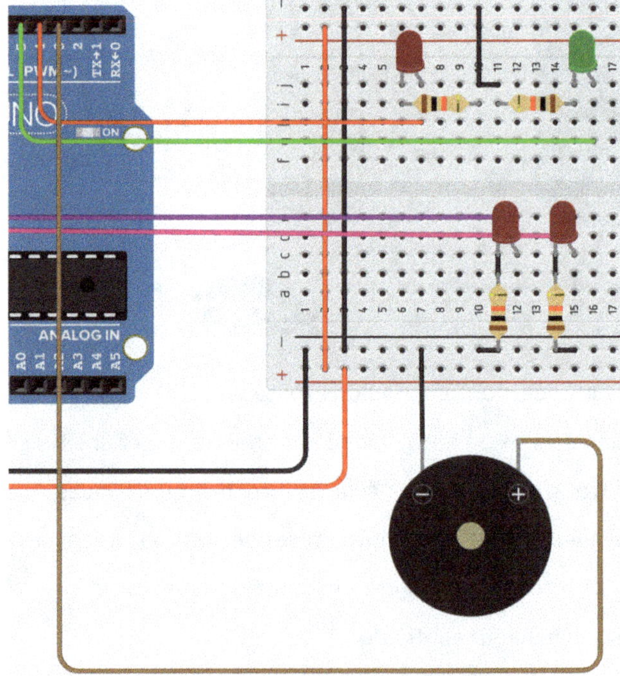

Maintenant, nous connectons les deux capteurs de force à la carte mère et à l'Arduino. Pour cela, nous mettons d'une part un fil (rouge) vers la ligne de broches positives "+" du breadboard et d'autre part un fil (noir) vers le breadboard, qui à son tour établit une connexion avec un autre fil (vert ou orange) vers les broches analogiques Arduino A0 ou A1. La connexion du capteur de force que tu utilises pour chaque ligne n'a pas d'importance ici.

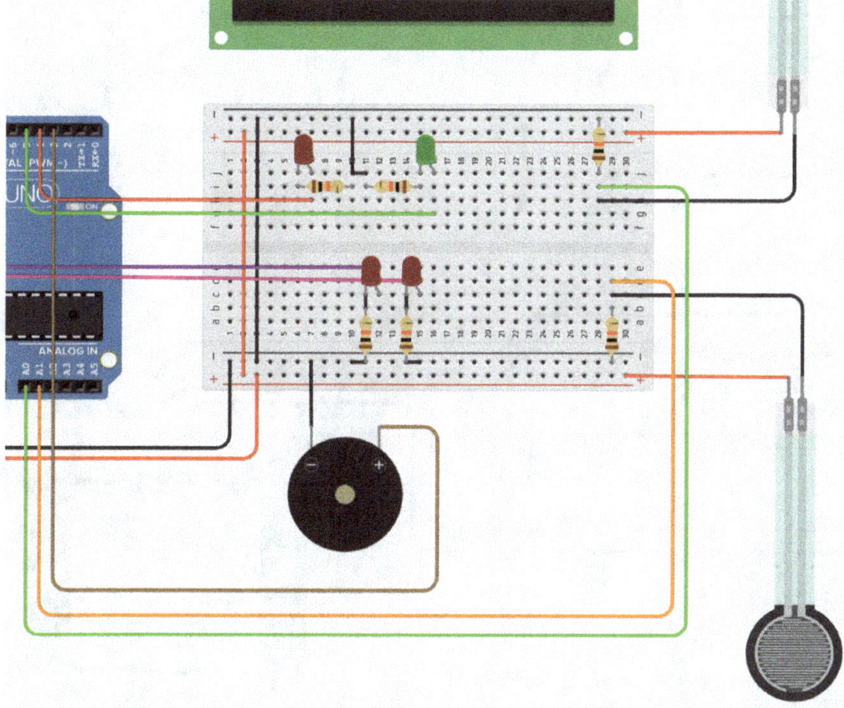

Pour la connexion des deux détecteurs de mouvement, nous procédons de la même manière. Nous les alimentons d'abord en électricité (nous avons besoin pour cela des deux broches de droite ; le raccordement des broches est dirigé vers le bas). Connecte la broche droite au "-" et la broche du milieu au "+".

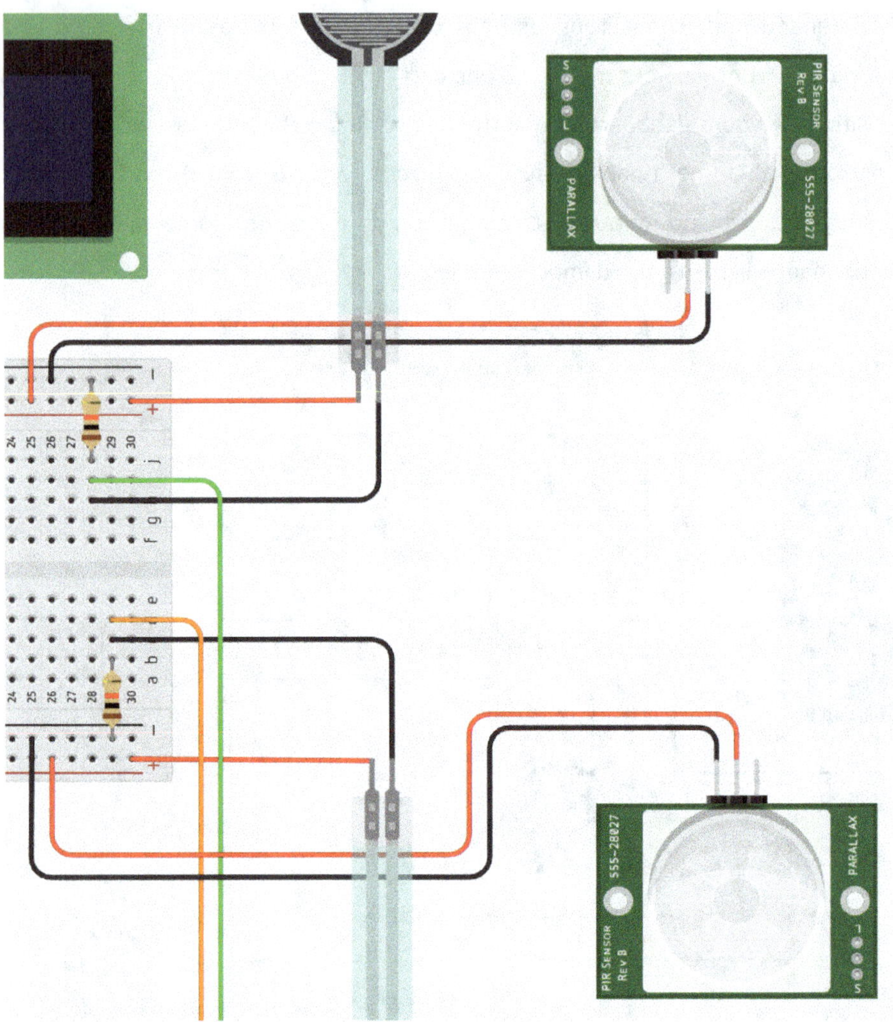

Ensuite, nous mettons une ligne de signal (verte ou orange) du détecteur de mouvement à la broche numérique Arduino 11 ou 12. Enfin, nous connectons l'écran LCD de la même manière que dans le projet précédent. Pour cela, nous l'alimentons en électricité via la breadboard et relions les connexions "SDA" et "SCL" de l'écran aux broches prévues à cet effet sur l'Arduino.

Nous pouvons voir ces deux étapes sur le schéma final suivant.

Schéma de câblage complet :

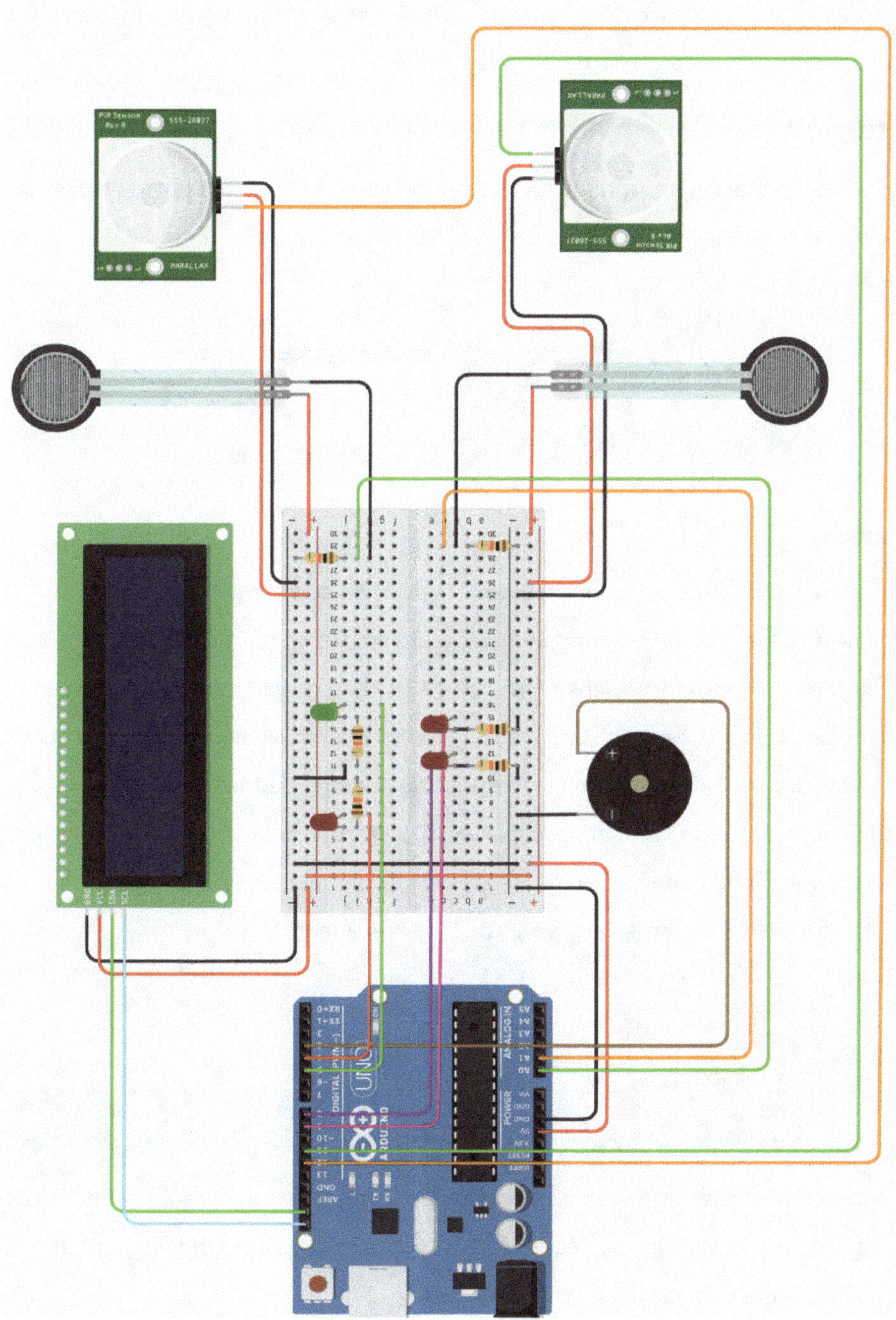

5.3 Développement du code du programme

Après avoir réussi à câbler notre deuxième projet, nous nous remettons à la programmation nécessaire dans cette section.

Étape 1

Dans un premier temps, nous créons le bloc de titre optionnel (à trouver dans la catégorie "Notation") avec le texte "alarm system".

Étape 2

Dans la deuxième étape, nous ajoutons le bloc "on start" qui exécute une certaine ligne de code une seule fois au démarrage du programme. Quel code devons-nous exécuter une seule fois dans ce projet ? Pense au premier projet ! Exactement, l'initialisation de l'écran LCD. Nous le faisons à nouveau avec la commande "configure LCD" de la catégorie "Output". Le numéro, l'adresse et le type sont les mêmes que dans le premier projet. Ici aussi, je ne reproduirai <u>pas</u> toujours les blocs précédents pour une meilleure visualisation dans la suite. Tu peux simplement placer les blocs suivants en dessous du bloc précédent.

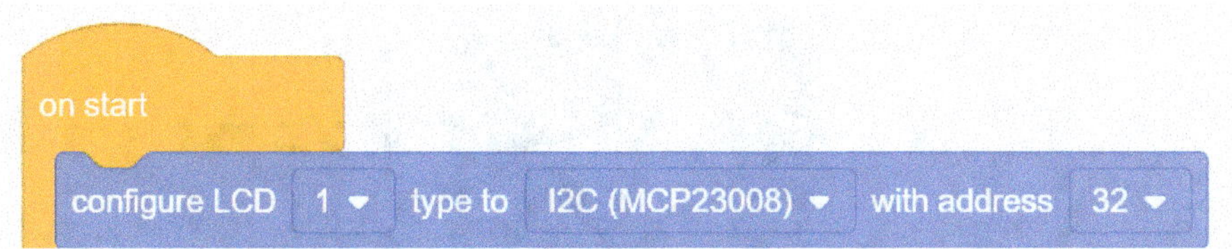

Mais cette étape n'est pas encore terminée, car nous voulons également afficher un texte de démarrage sur l'écran dans ce bloc. Nous voulons indiquer que tu dois entrer un code et que le système est actif.

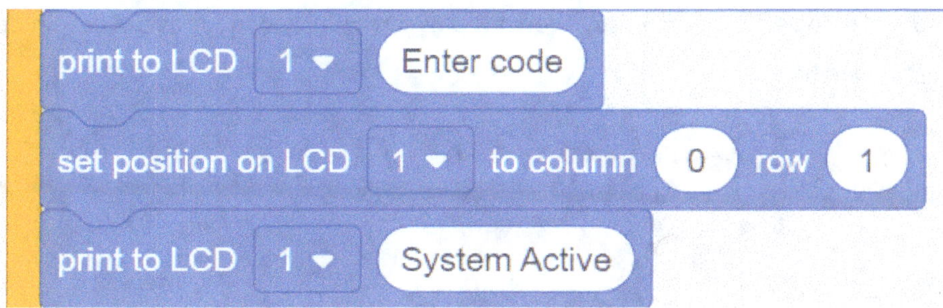

De plus, nous ne voulons pas seulement l'afficher, mais nous voulons que le système soit réellement actif au démarrage. Pour cela, nous déclarons d'abord toutes les variables dont nous avons besoin dans ce projet. Nous le faisons dans la catégorie "Variables".

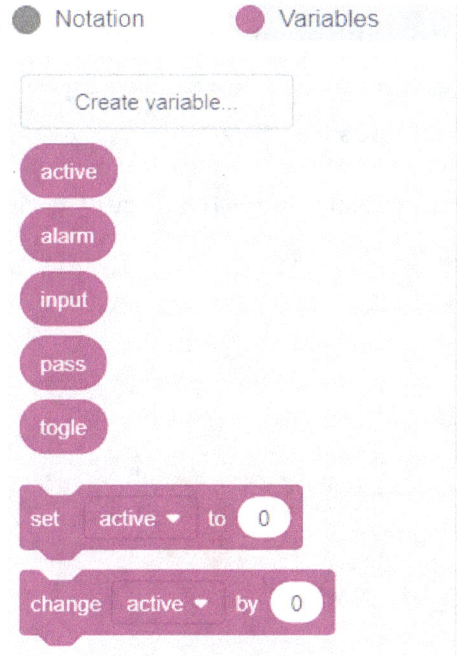

Nous avons déjà besoin des trois variables "active", "alarm" et "togle" au démarrage. Pour que le système soit actif au démarrage, nous mettons la variable "active" à la valeur 1 ("on"). Nous mettons la variable "alarm" à 0 ("off") pour que l'alarme soit désactivée au démarrage du système. De plus, nous mettons la variable "togle" à 1 ("on"). Nous verrons plus tard pourquoi nous avons besoin de cette variable.

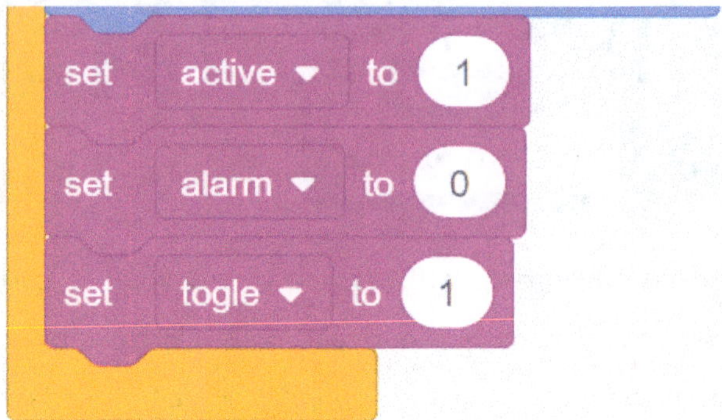

Étape 3

Maintenant que le bloc "on start" est terminé, nous avons besoin ensuite d'un autre bloc "forever" qui contient le code à exécuter dans une boucle (analogue à void loop () dans le code basé sur du texte).

Tout d'abord, nous intégrons un petit délai pour que l'Arduino ait suffisamment de temps pour terminer tous les processus précédents. Ensuite, nous mettons la variable "pass" à la valeur "0".

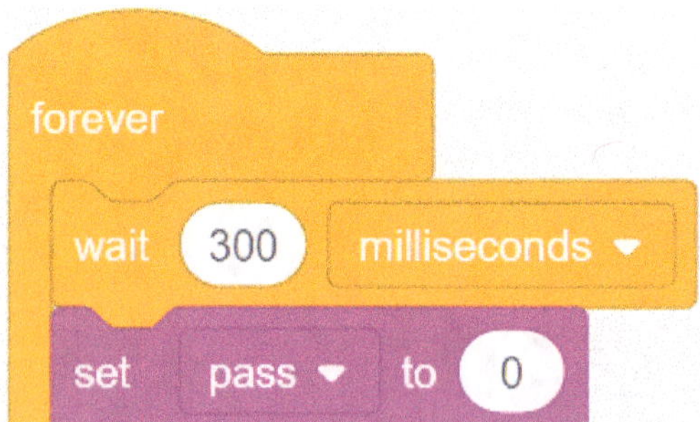

Maintenant, plusieurs conditions if suivent, qui nous permettent de demander le mot de passe ou de comparer l'entrée dans le moniteur sériel avec le mot de passe.

Nous pouvons d'ailleurs ouvrir le moniteur sériel pour la saisie ultérieure du code dans la zone de programmation :

Maintenant, parlons des conditions if. Tout d'abord, nous vérifions si quelque chose a été entré dans le moniteur série. Nous le faisons avec "number of serial characters available", ce qui correspond dans le code de texte normal à la fonction "Serial.available ()". Pour plus d'informations, voir ici :

https://www.arduino.cc/reference/en/language/functions/communication/serial/available/

Le nombre de caractères saisis doit être supérieur à 0, sinon rien n'est logiquement saisi. Ensuite, nous vérifions avec une condition if-else (choisir "if ... else" au lieu de la condition if simple) si le nombre de caractères saisis correspond exactement à la valeur 7 (nos deux codes ont chacun exactement 7 chiffres). Nous faisons cela pour que seules les entrées de sept chiffres soient vérifiées, car si le nombre de chiffres n'est déjà pas correct, on peut de toute façon se passer de la vérification.

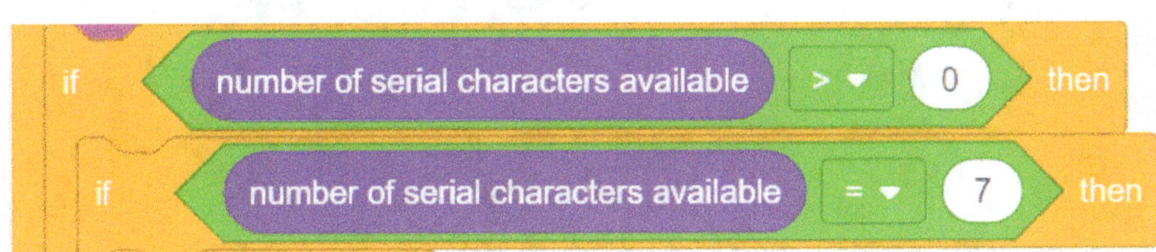

Maintenant, les choses deviennent un peu plus complexes. Nous devons d'abord convertir le nombre saisi d'une valeur char (format d'entrée dans le moniteur série)

en une valeur décimale à l'aide d'une table ASCII. Tu peux trouver une table ASCII ici, par exemple :

https://upload.wikimedia.org/wikipedia/commons/1/1b/ASCII-Table-wide.svg

L'utilisation du tableau et la transformation (en prenant l'exemple du code d'activation du système d'alarme) se font alors de la manière suivante :

Decimal	Hex	Char
40	28	(
41	29	)
42	2A	*
43	2B	+
44	2C	,
45	2D	-
46	2E	.
47	2F	/
48	30	0
49	31	1
50	32	2
51	33	3
52	34	4

Ensuite, nous implémentons une opération de calcul. Nous voulons ajouter les valeurs d'entrée converties au double de la somme précédente. Cela signifie

Nous le faisons dans Tinkercad avec la formule suivante :

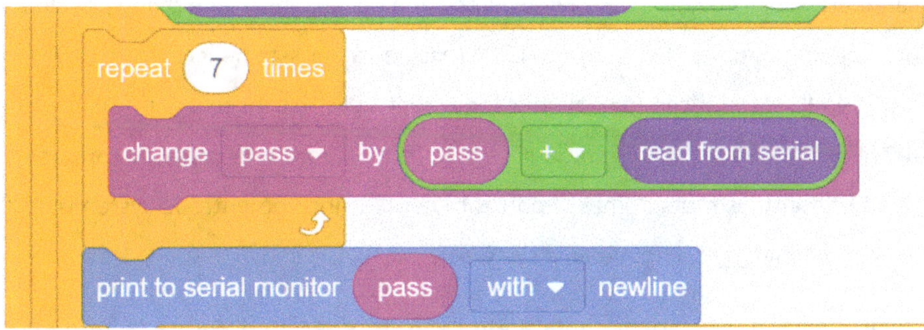

Étape 4 :

Dans cette étape, la première chose à faire est de vérifier si l'entrée convertie (code) correspond à la valeur 6405 (résultat de l'étape 3 en rouge) ou 6371 (valeur du code converti pour la désactivation ; calcul identique à l'étape 3). Nous le faisons à nouveau avec une condition if-else (sélectionner "if ... else" !). Pourquoi faisons-nous cela ? Pour que seuls les cas où l'un des deux codes a été saisi soient pris en compte ici (les saisies erronées ne seront donc pas poursuivies dans cette section). Une nouvelle vérification if (question : la variable "pass" a-t-elle la valeur 6405 pour l'activation ? Si cette condition est remplie, l'écran LCD doit afficher le texte "Enter Code" à la position 0 / 0 (ligne : 0, ligne : 0) et le texte "System Active" à la position 0 / 1, c'est-à-dire une ligne en dessous.

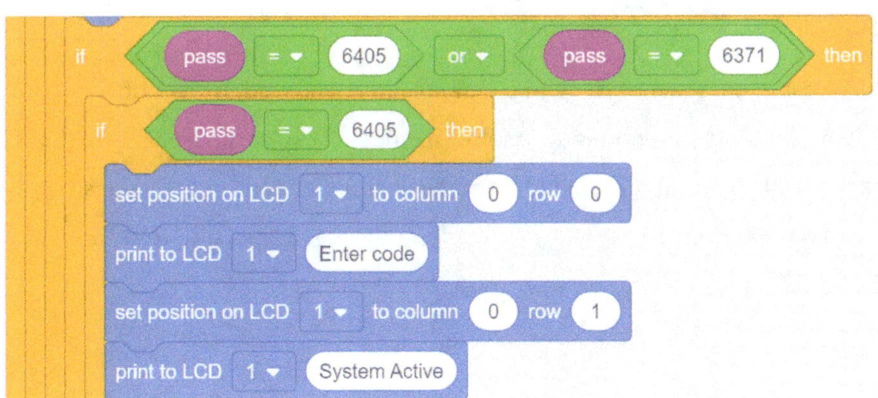

Il y a aussi d'autres choses à faire. D'une part, nous effaçons les trois derniers caractères qui s'affichent sur la deuxième ligne de l'écran à l'aide d'une boucle for (ici : "repeat ... times") et "print to LCD" (pas de valeur signifie ici écraser la valeur à vide). Il est difficile d'expliquer pourquoi cela est nécessaire. Tu devrais finalement l'essayer en supprimant ce bloc (fais d'abord une copie de ton projet) et en utilisant les mots de passe pour simuler la transition entre le système actif, le système inactif et à nouveau le système actif.

D'autre part, notre variable qui reflète l'état du système d'alarme (actif ou non actif) doit être mise à la valeur 1 ("on" ou actif). Et comme nous avons intégré deux LED de contrôle, elles doivent également être activées ici. La LED rouge ne doit pas s'allumer (broche 4 "LOW"), mais la LED verte doit s'allumer (broche 5 "HIGH").

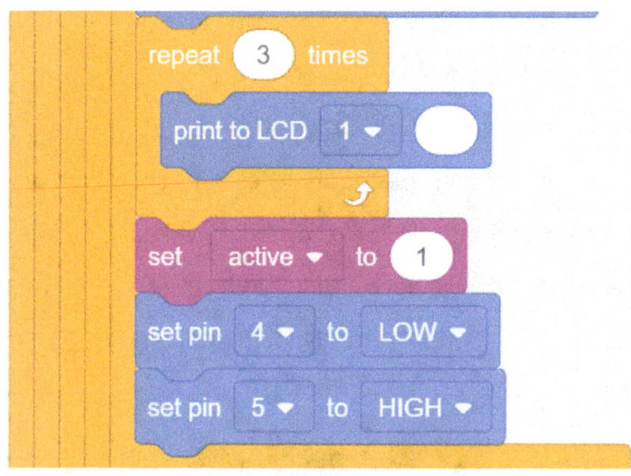

Maintenant, nous avons tout implémenté pour l'activation de notre système d'alarme par code. Continue à le faire, même si c'est un peu plus complexe à première vue, nous aurons bientôt terminé le projet et nous pourrons le simuler ! Il n'y a pas de honte à lire deux ou trois fois quelques pages si tu n'as pas encore compris quelque chose du premier coup. Tu y arriveras !

Étape 5 :

Dans cette prochaine étape, nous implémentons encore l'inverse du code précédent, c'est-à-dire la désactivation du système d'alarme. Tout d'abord, nous vérifions avec une condition if si l'entrée convertie (code) correspond à la valeur 6371. Si cette vérification est vraie, le texte "Enter code" doit à nouveau s'afficher et cette fois-ci également "System not Active". Nous devons également prendre en compte les positions sur l'écran LCD. De plus, la variable "active" doit être définie sur la valeur 0 ("off" ; système non actif) et les broches pour la LED rouge ou verte doivent être activées en conséquence (rouge : "HIGH" ; vert : "LOW"). En outre, nous devons également désactiver l'alarme si elle signale justement une intrusion, mais que le système est désactivé avec le bon code. Pour ce faire, nous mettons la variable "alarm" à la valeur 0 ("off").

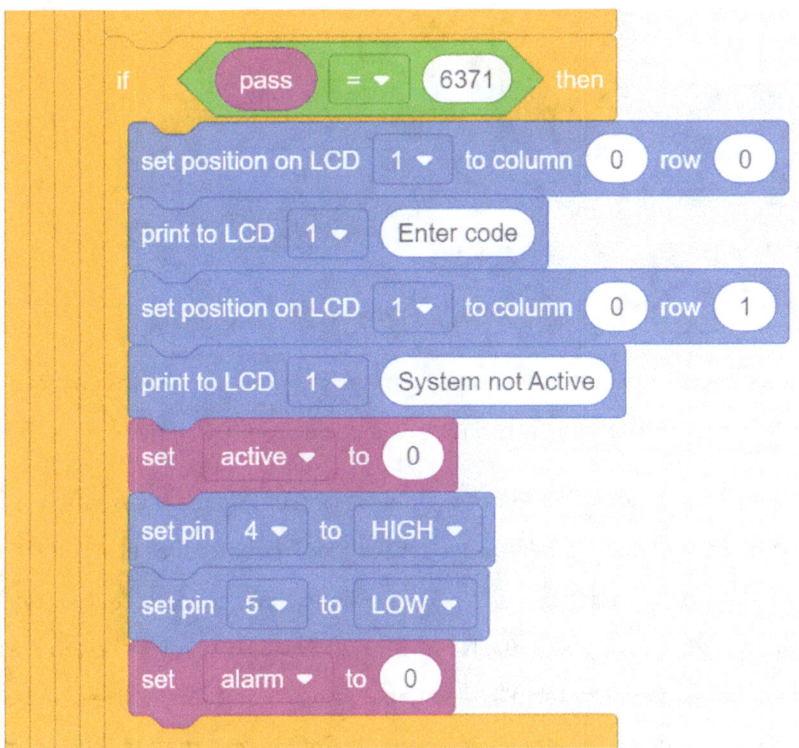

Étape 6 :

Nous nous trouvons maintenant dans les sections else des conditions if-else de l'étape 3 et de l'étape 4 (les blocs se connectent à nouveau de manière transparente à l'étape 5).

Si la vérification à l'étape 3 (la saisie comporte plus ou moins de 7 caractères) échoue, le texte : "wrong pass" doit être affiché, car le mot de passe saisi est alors incorrect. La même chose doit se produire si la vérification à l'étape 4 (la saisie convertie (code) correspond à la valeur 6405 ou 6371) n'est pas réussie.

D'ailleurs, avec "set input ..." et "read from serial", nous définissons encore que la variable "input" lit et se voit attribuer la valeur du moniteur série.

Nous devons maintenant définir ce qui doit se passer lorsque le système d'alarme est activé. Dans ce cas, les valeurs des capteurs doivent être lues et si l'une d'entre elles dépasse ou a atteint un certain seuil (valeur analogique du capteur de force supérieure à 70 = environ 0,3 -0,4 N ; valeur numérique du capteur de mouvement à 1 pour "mouvement détecté"), la variable "alarm" doit être activée (valeur 1 = "on"), sinon elle doit être désactivée (valeur 0 = "off"). Nous mettons cela en œuvre avec une condition if et une condition if-else comme suit.

44

L'image originale suivante est divisée en deux images ci-dessous pour une meilleure lisibilité :

Original :

Divisé pour une meilleure lisibilité :

Étape 7 :

Juste après, nous devons encore définir ce qui doit se passer lorsque la variable "alarm" a été activée (c'est-à-dire qu'elle a la valeur 1). Dans ce cas, la broche 3 doit recevoir du courant. Le buzzer piézoélectrique est connecté à cette broche, il produit alors un son. Nous utilisons pour cela une condition if-else !

Dans cette condition if-else, nous imbriquons également une autre condition if-else qui doit contrôler notre variable "togle", que nous avons déjà rencontrée au tout début de ce projet. Cette variable doit contrôler le clignotement alterné des deux LED rouges. Ces LED (broche 8 et broche 9) doivent clignoter lorsque l'alarme est déclenchée, c'est pourquoi nous commutons la variable et les broches respectives alternativement de 0 à 1 et de 1 à 0, avec un intervalle de 500 millisecondes (la fréquence de clignotement peut être modifiée à ta guise).

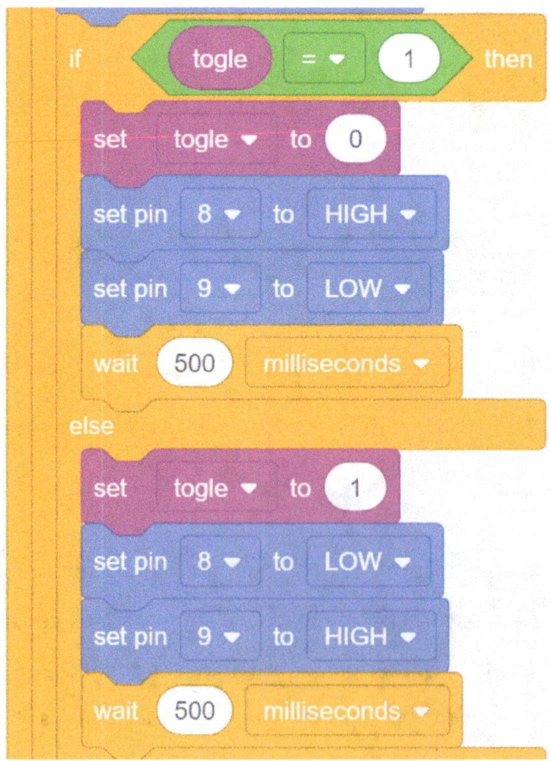

Étape 8 :

Dans cette dernière étape, nous devons encore remplir la section "else" de la première condition if-else de l'étape 7. La condition de l'étape 7 était : si "alarm" = 1 alors, sinon. Cela signifie que nous nous trouvons dans le cas "sinon", où la variable "alarm" n'a pas la valeur 1 (mais a la valeur 0). Dans ce cas, les broches 8, 9 et 3 ne doivent pas recevoir de courant ("LOW"). Ce sont les broches du buzzer piézo et des deux LED rouges, dans ce cas, il ne doit donc pas y avoir d'alarme ni de lumière clignotante active.

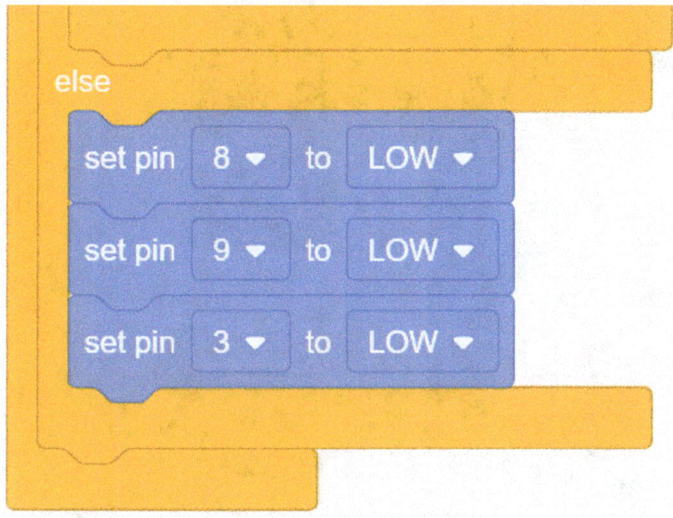

Très bien ! Nous avons réussi. Super si tu as persévéré. L'image complète du code de bloc en un seul morceau n'a pas de sens ici, car on ne pourrait plus rien voir à cause de la taille. Il est plus judicieux que tu le regardes dans Tinkercad si nécessaire. Utilise le lien suivant pour accéder au projet : https://bit.ly/3yqcJCi

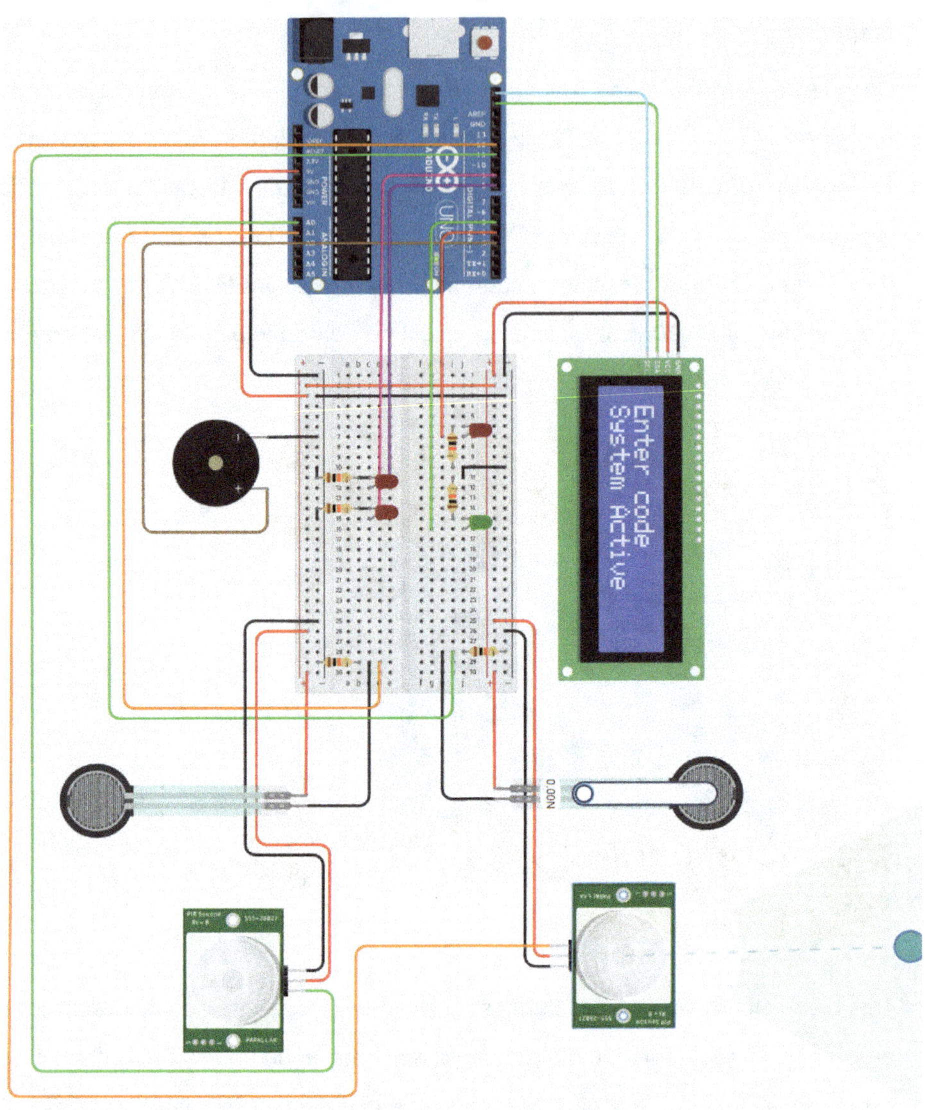

Tu peux régler les valeurs des capteurs en cliquant dessus. Pour le capteur de mouvement, un petit mouvement suffit. Pour le capteur de force, tu dois régler une valeur de plus de 0,4 N pour qu'une alarme se déclenche.

Au début, j'ai mentionné que nous ajouterions ici aussi un "keypad" comme alternative à la saisie du code. Mais nous ne pourrions le faire que de manière très complexe et fastidieuse avec un code en bloc. C'est pourquoi nous utiliserons le code texte que je te montre ci-dessous.

Tu peux trouver le projet Tinkercad avec "Keypad" ici : https://bit.ly/3PbxJn2

D'ailleurs, nous confirmons la saisie du mot de passe sur le "keypad" avec la touche "#".

La seule modification que nous devons apporter au schéma de câblage est d'ajouter le "keypad". Nous le faisons en le connectant comme indiqué. Les connexions du clavier sont prévues pour les différentes colonnes et lignes (4 + 4 = 8 connexions). Tu peux t'imaginer le clavier comme un tableau.

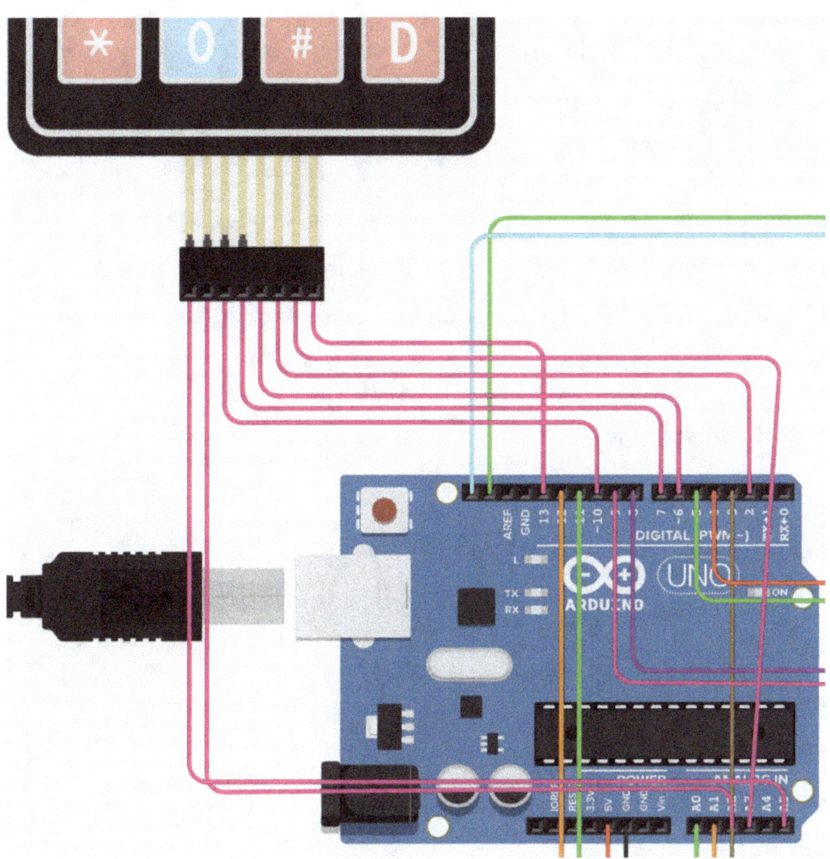

Dans Tinkercad, tu peux créer automatiquement un code basé sur le texte à partir d'un code basé sur les blocs. Cela fonctionne en passant des blocs à "blocs + texte" au-dessus des catégories ("Output", "Control", "Input", ...) pour la sélection des blocs. Le code de programmation s'affiche alors sous forme de texte à côté du code de bloc.

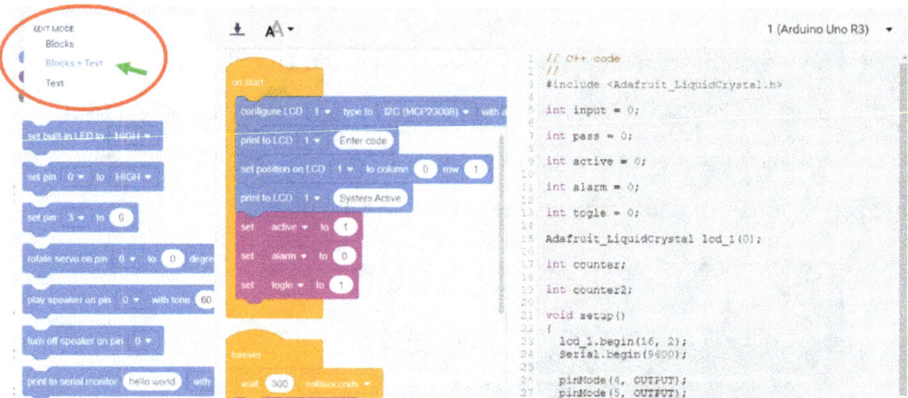

Tu peux maintenant comparer le code de bloc avec le code de programme de texte suivant, dont nous avons besoin pour le projet modifié (y compris le "keypad"), et ainsi constater les différences. C'est un bon exercice pour établir un lien entre le code bloc et le code texte ou pour apprendre le transfert.

Le code du programme est

```
#include <Adafruit_LiquidCrystal.h>
#include <Keypad.h>


int input = 0;

int pass = 0;

int active = 0;

int alarm = 0;

int togle = 0;

int counter;
```

```cpp
int counter2;
const byte ROWS = 4; //four rows
const byte COLS = 4; //four columns
char keys[ROWS][COLS] = {
  {'1', '2', '3', 'A'},
  {'4', '5', '6', 'B'},
  {'7', '8', '9', 'C'},
  {'*', '0', '#', 'D'}
};
byte rowPins[ROWS] = {A5, A2, 10, 7}; //connect to the row pinouts of the keypad
byte colPins[COLS] = {6, 2, A3, 13}; //connect to the column pinouts of the keypad
String passText = "";
int passLength = 0;


Adafruit_LiquidCrystal lcd_1(0);
Keypad keypad = Keypad( makeKeymap(keys), rowPins, colPins, ROWS, COLS );


void setup()
{
  lcd_1.begin(16, 2);
  Serial.begin(9600);

  pinMode(4, OUTPUT);
  pinMode(5, OUTPUT);
  pinMode(A0, INPUT);
  pinMode(A1, INPUT);
  pinMode(11, INPUT);
  pinMode(12, INPUT);
  pinMode(3, OUTPUT);
```

```
  pinMode(8, OUTPUT);

  pinMode(9, OUTPUT);

  52

  lcd_1.print("Enter code");

  lcd_1.setCursor(0, 1);

  lcd_1.print("System Active");

  active = 1;

  alarm = 0;

  togle = 1;

}


void loop()

{

  //delay(300); // Wait for 300 millisecond(s)

  handle_keypad();

  pass = 0;

  handle_serial_input();


  if (active == 1) {

    if ((analogRead(A0) >= 70 || analogRead(A1) >= 70) || (digitalRead(11) == 1 || digitalRead(12) == 1))
{

      alarm = 1;

    } else {

      alarm = 0;

    }

  }

  if (alarm == 1) {

    digitalWrite(3, HIGH);

    if (togle == 1) {
```

```
    togle = 0;
    digitalWrite(8, HIGH);
    digitalWrite(9, LOW);
    delay(500); // Wait for 500 millisecond(s)
  } else {
    togle = 1;
    digitalWrite(8, LOW);
    digitalWrite(9, HIGH);
    delay(500); // Wait for 500 millisecond(s)
  }
} else {
  digitalWrite(8, LOW);
  digitalWrite(9, LOW);
  digitalWrite(3, LOW);
}
}


void active_pass() {
  lcd_1.setCursor(0, 0);
  lcd_1.print("Enter code");
  lcd_1.setCursor(0, 1);
  lcd_1.print("System Active");
  for (counter2 = 0; counter2 < 3; ++counter2) {
   lcd_1.print(" ");
  }
  active = 1;
  digitalWrite(4, LOW);
  digitalWrite(5, HIGH);
}
```

```cpp
void wrong_pass() {


 lcd_1.setCursor(0, 0);

 lcd_1.print("wrong pass");

}

void not_active_pass() {

 lcd_1.setCursor(0, 0);

 lcd_1.print("Enter code");

 lcd_1.setCursor(0, 1);

 lcd_1.print("System not Active");

 active = 0;

 digitalWrite(4, HIGH);

 digitalWrite(5, LOW);

 alarm = 0;



}


void handle_keypad() {

 char key = keypad.getKey();


 if (key) {

  if(passLength == 0){

   lcd_1.setCursor(0, 1);

   lcd_1.print("           ");

   lcd_1.setCursor(0, 1);

  }

  if(key == '#'){

   if(passText == "0378493"){

    active_pass();
```

```
    }
    else if(passText == "2047291"){

      not_active_pass();

    }

    else{

    wrong_pass();

    }

    passText = "";

    passLength = 0;


    return;

    }

  Serial.println(key);

  lcd_1.print(key);

  passText += String(key);

  passLength++;

 }

}


void handle_serial_input(){

  if (Serial.available() > 0) {

  if (Serial.available() == 7) {

    for (counter = 0; counter < 7; ++counter) {

      pass += (pass + Serial.read());

    }

    Serial.println(pass);

    if (pass == 6405 || pass == 6371) {

      if (pass == 6405) {

        active_pass();
```

```
      }
    if (pass == 6371) {

      not_active_pass();

      }

    } else {

    wrong_pass();

    }

  } else {

  wrong_pass();

  }

  input = Serial.read();

  }

  }
```

6 Projet 3 | Surveillance des plantes

Ce projet s'adresse à tous ceux qui, malheureusement, oublient trop souvent d'arroser et de prendre soin de leurs plantes. Dans ce projet, nous allons surveiller une plante à l'aide de capteurs et intervenir avec des actionneurs en cas d'écart.

Comme capteurs, nous utilisons un capteur d'humidité du sol qui peut être placé dans un pot de fleurs. Cela permet de surveiller l'humidité de la terre de la plante. Nous utilisons également un capteur de lumière ambiante qui détecte la lumière ambiante à proximité de la plante. Enfin, nous utilisons également un capteur de température qui surveille la température ambiante près de la plante.

La température, la luminosité de la lumière ambiante et l'humidité de la terre de la plante doivent nous être indiquées pour que nous puissions les contrôler à l'aide de trois "7-segments clock displays". L'affichage doit se faire en pourcentage, c'est-à-dire de 0 à 100. La valeur 0 signifie que la température est la plus basse, que la lumière ambiante est la plus faible et que la terre des plantes est très sèche. La valeur 100 signifie que la température est la plus élevée, que la lumière ambiante est la plus forte et que la terre est très humide. Un "7-segments clock displays" est prévu pour chaque capteur.

Pour que la plante soit également alimentée lorsque nous ne sommes pas à la maison, nous souhaitons également installer quelques actionneurs. Pour que la plante reçoive de l'eau, nous faisons fonctionner un servomoteur qui pourrait par exemple ouvrir un accès à l'eau via un mécanisme. Nous voulons également que deux ampoules s'allument lorsque la température descend en dessous de 15°C et s'éteignent dès que la température atteint au moins 15°C. Nous utilisons ici une lampe à incandescence comme chauffage électrique provisoire, car en plus de la lumière, elle dégage beaucoup de chaleur. Au crépuscule (capteur de lumière ambiante), la plante doit également être éclairée avec une lumière rouge pendant 15 secondes (15 minutes seraient préférables, mais ce serait trop long pour nos simulations), ce qui devrait améliorer la phase d'endormissement de la plante. Pour cela, nous utilisons trois LED RGB.

6.1 Composants nécessaires

Lien vers le projet Tinkercad : https://bit.ly/3bYWogc

Nombre	Désignation
1	Arduino Uno
1	Breadboard (petite)
1	Capteur de lumière ambiante (ambient light sensor)
1	Capteur de température TMP36
1	Capteur d'humidité du sol (soil moisture sensor)
2	Ampoule à incandescence (light bulb)
3	LEDs RGB
1	100 kΩ Résistance pour capteur de lumière ambiante
1	20 Ω Résistance pour les LED RGB
1	Servomoteur
3	7-Segment Clock Display

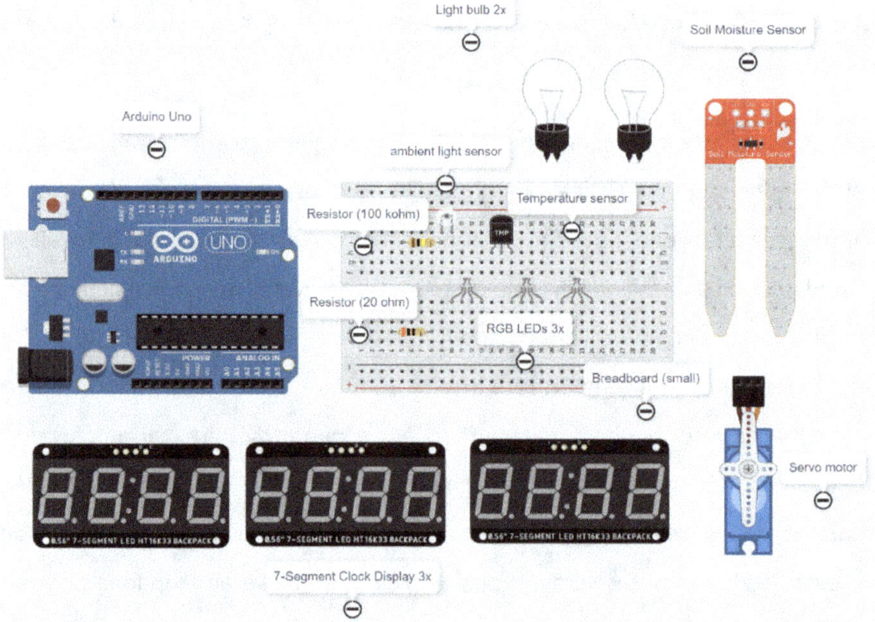

Rafraîchissement pour le capteur de température TMP36 :

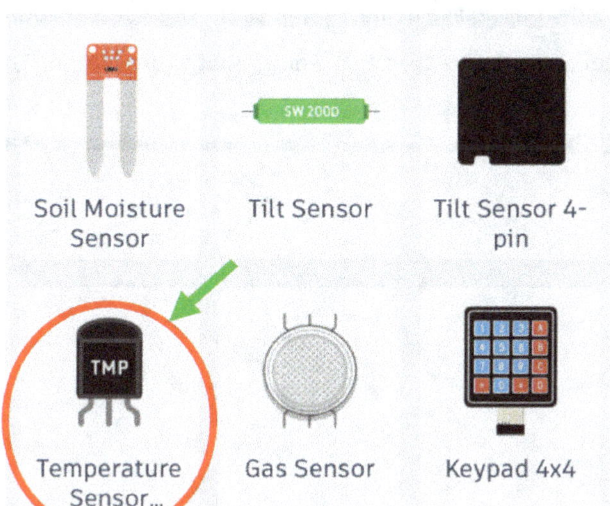

Nous avons déjà utilisé le TMP36 dans le premier livre de la série. Voici un petit rappel sur la manière de l'utiliser.

Le TMP36 est un capteur de température basse tension. La particularité de ce capteur de température est sa linéarité sur toute la plage de mesure de la température. Le capteur possède trois connexions : "+VS", "GND" et "Vout". La broche "Vout" de ce capteur fournit une tension de sortie qui est linéairement proportionnelle à la température mesurée en degrés Celsius. La tension de fonctionnement du capteur est de 5V de courant continu, ce qui permet de l'utiliser directement avec un Arduino UNO. Pour chaque changement de température d'un degré Celsius, la tension de sortie varie de 10 millivolts. À 25 °C, la tension de sortie est de 750 mV. Une fiche technique complète peut être téléchargée en cliquant sur le lien suivant :

https://www.analog.com/media/en/technical-documentation/data-sheets/TMP35_36_37.pdf

A 0 degré Celsius, la valeur de tension analogique quantifiée est égale à la valeur 104. Sur cette base, nous pouvons effectuer la conversion nécessaire de la valeur du capteur en température comme suit : **Temp_C = (valeur du capteur - 104) * 165/338.**

6.2 La conception du schéma électrique

Avant de procéder au câblage de nos composants, regardons d'abord à nouveau la vue schématique du schéma de câblage dont nous avons besoin.

Schéma de câblage :

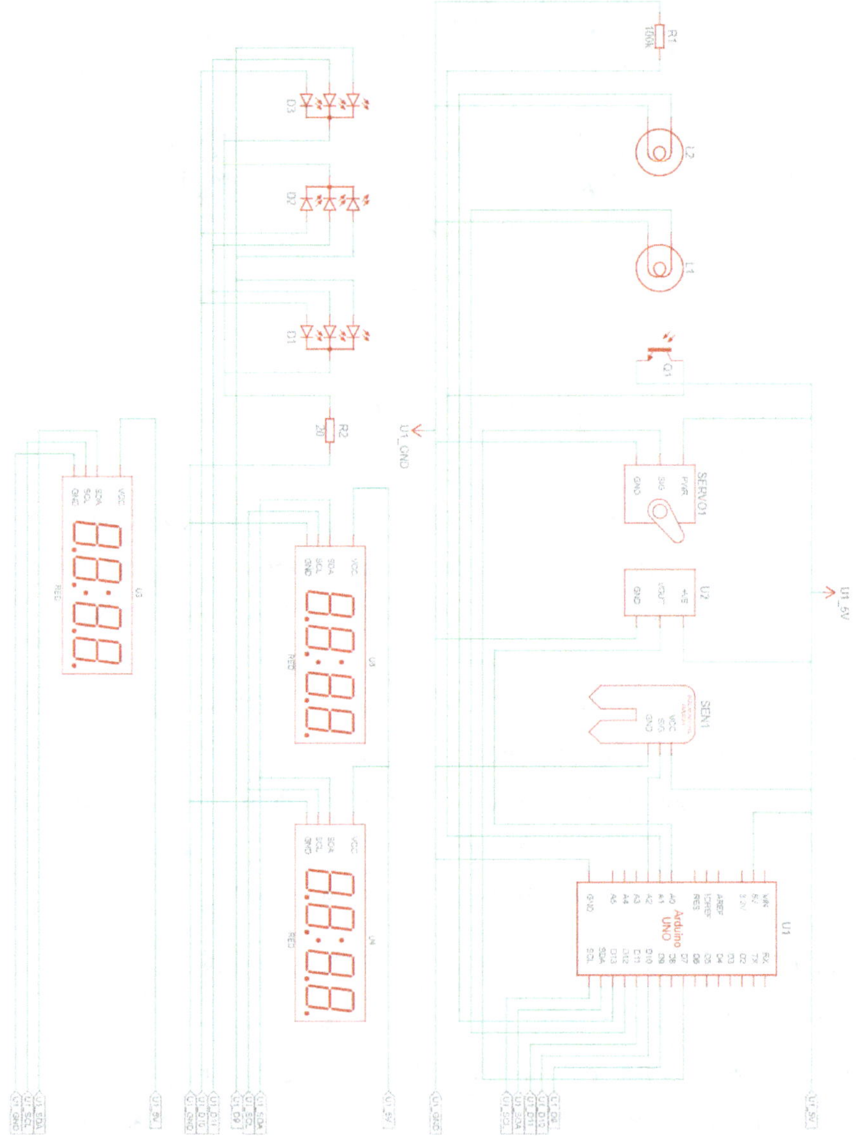

Pour le câblage, nous commençons comme d'habitude avec la breadboard comme point de départ au milieu du circuit et l'Arduino à sa gauche.

Nous équipons la breadboard avec le capteur de lumière ambiante, le capteur de température et les trois LED RGB. De plus, nous plaçons les deux résistances à l'endroit indiqué. Ensuite, nous alimentons le breadboard en électricité. Pour cela, nous mettons une ligne rouge et une ligne noire de l'Arduino (broches 5V et GND) vers les deux barres d'alimentation ("+" et "-") du breadboard dans la zone inférieure. De plus, nous relions la zone inférieure à la zone supérieure.

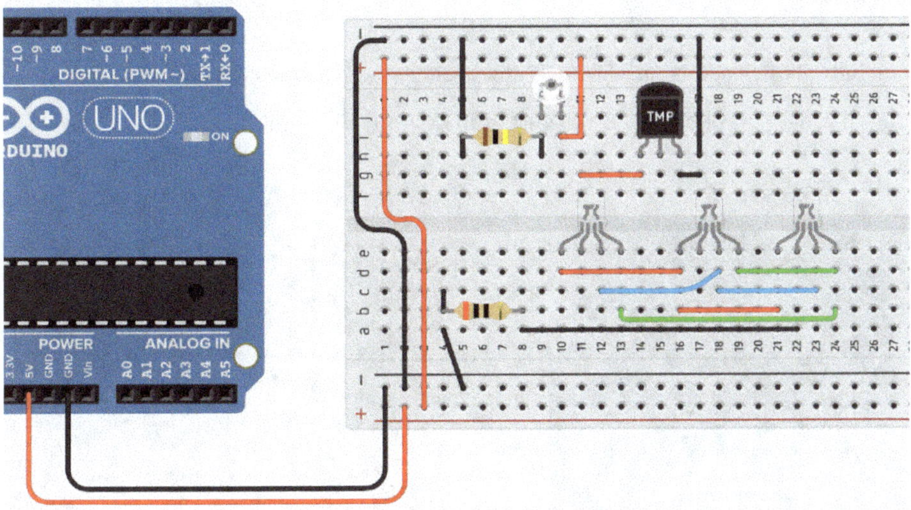

Pour les LED RGB, nous relions entre elles les connexions pour les couleurs (rouge, bleu, vert) et établissons une connexion avec la cathode (noire) via la résistance 20 Ω. Nous alimentons le capteur de température en courant (rouge et noir) et nous alimentons également le capteur de lumière ambiante en courant, ce que nous faisons ici via la résistance 100 kΩ. Si tu te demandes maintenant quels connecteurs du capteur de température et des LED RGB correspondent à quelle fonction, jette un coup d'œil sur l'illustration suivante pour rafraîchir tes connaissances :

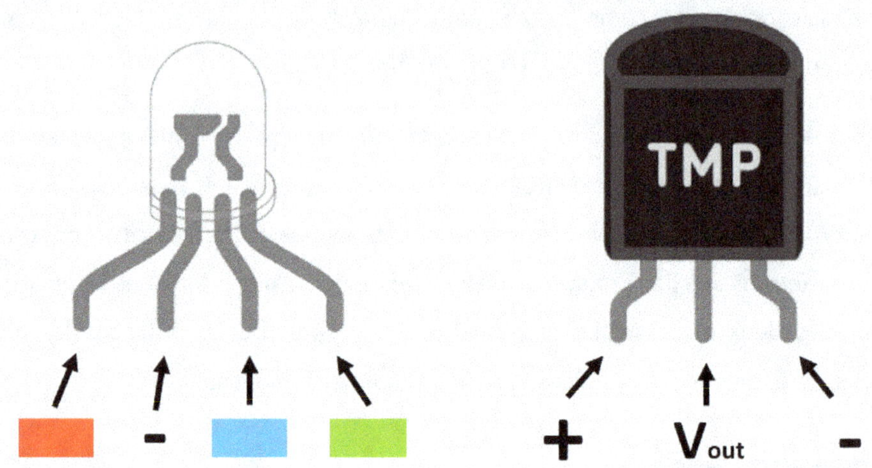

Ensuite, nous relions les LED RGB aux broches numériques Arduino 9, 10 et 11 via un fil rouge, un fil bleu et un fil vert, afin de pouvoir les piloter.

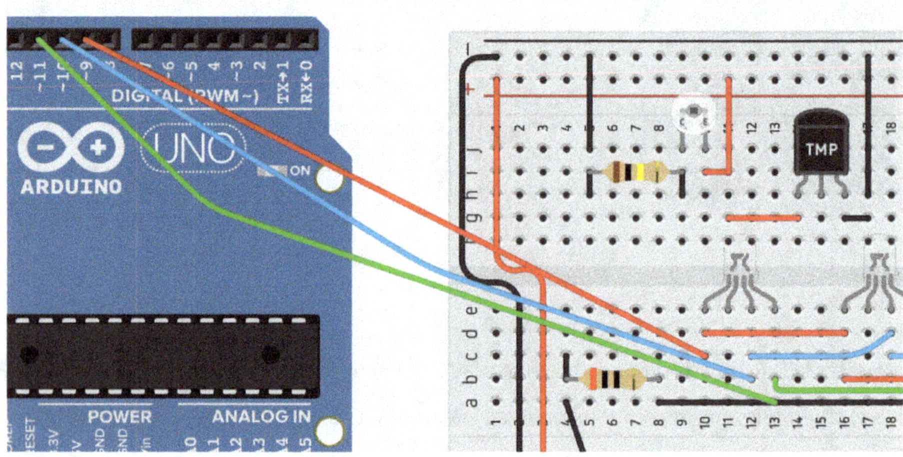

Ensuite, nous nous occupons du capteur de lumière ambiante et du capteur de température. Nous connectons le capteur de lumière ambiante à l'entrée analogique A1 de l'Arduino avec un câble bleu clair via la résistance de la broche "C". Nous connectons le capteur de température avec un fil jaune à l'entrée analogique A0 de l'Arduino via la broche centrale (V_{out}).

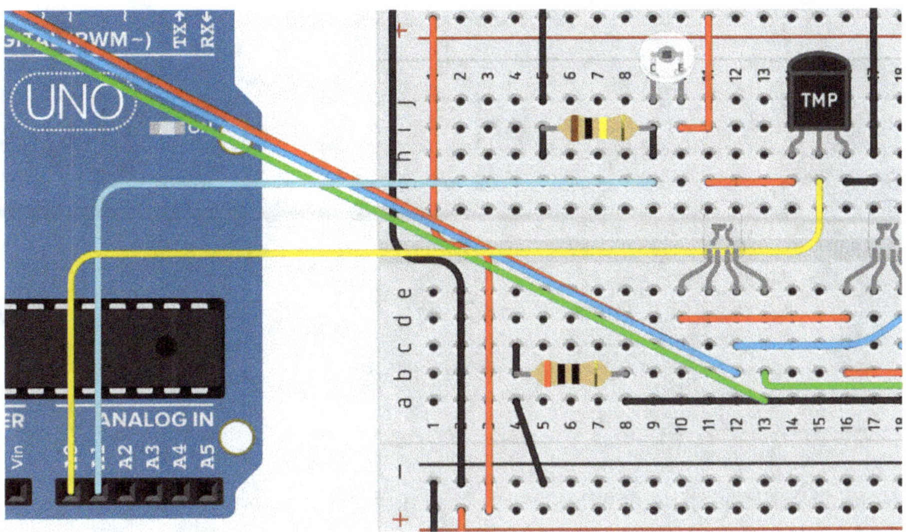

Nous continuons avec les ampoules, que nous connectons d'une part à l'alimentation de notre breadboard ("-") et d'autre part aux broches numériques 12 et 13 de l'Arduino.

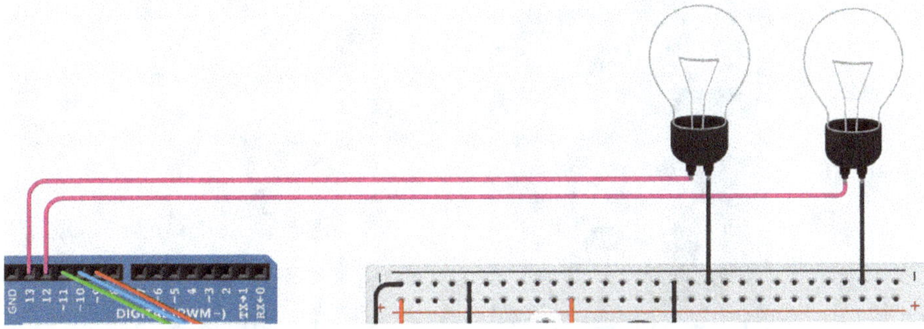

Maintenant, nous y sommes presque ! Il ne manque plus que le capteur d'humidité du sol, le servomoteur et les trois écrans. Nous connectons d'abord le capteur d'humidité du sol. L'affectation des broches est imprimée sur le capteur. Il y a les connexions VCC ("+"), GND ("-") et SIG (signal). Nous devons donc d'abord réalimenter le capteur en électricité, pour cela nous le connectons à la breadboard. Nous connectons ensuite la connexion SIG à l'entrée analogique A2 de l'Arduino.

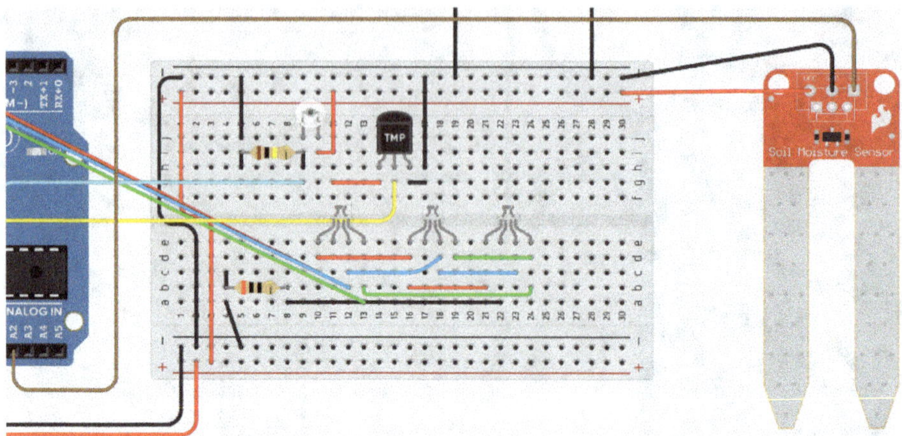

Nous alimentons également le servomoteur en tension comme d'habitude (broche gauche : " - ", broche du milieu : " + "). Et la connexion pour le signal de commande (broche droite) est alimentée par la broche numérique 7 de l'Arduino.

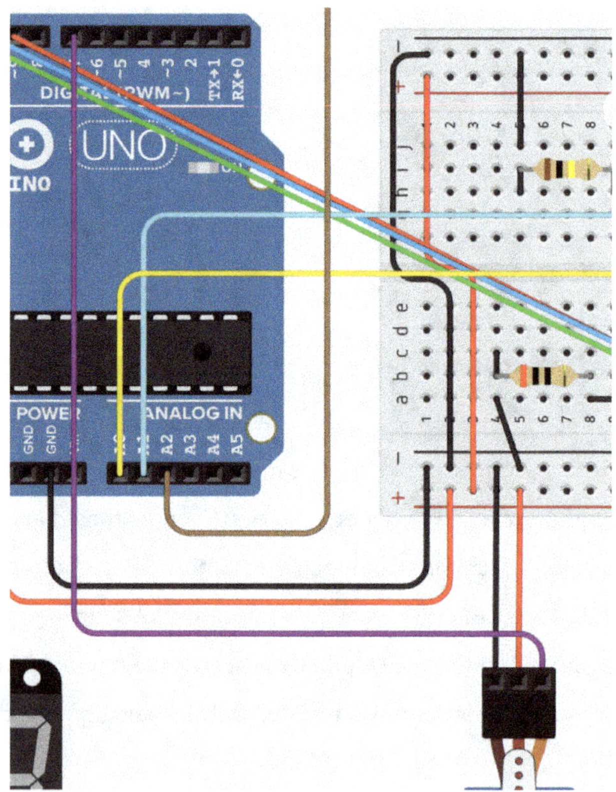

Pour finir, nous devons encore connecter les "7-Segment Clock Displays". Les "0.56 inch 7-segment LED HT16K33 Backpack displays" utilisés ici ont quatre connecteurs. Deux d'entre eux sont destinés à l'alimentation (imprimés "+" et "-") et deux autres au contrôle du signal (imprimés "C" et "D"). L'ajout "HT16K33 Backpack" signifie que les écrans ont chacun un "HT16K33 I2C LED driver" installé, ce qui permet - comme pour l'écran LCD I2C - d'effectuer le contrôle via les connecteurs SDA et SLC de l'Arduino.

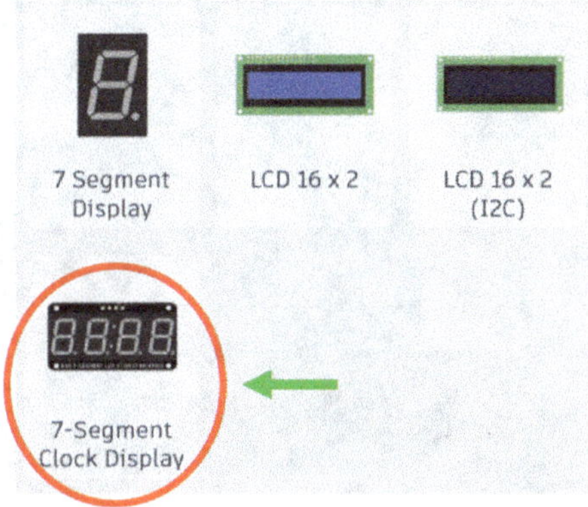

Via la breadboard et l'Arduino, nous alimentons d'abord les écrans en électricité.

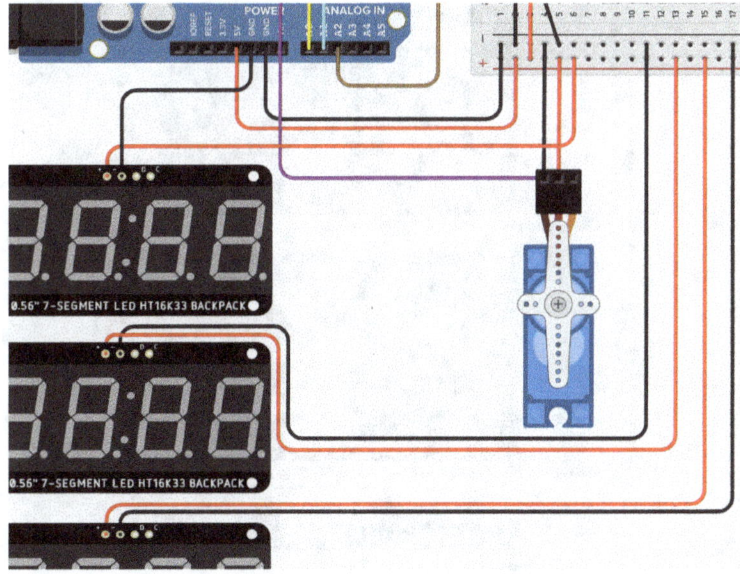

Ensuite, nous plaçons les lignes de signaux en turquoise (broche "C" de chaque écran vers la broche "SCL" de l'Arduino) et en marron (broche "D" de chaque écran vers la broche "SDA" de l'Arduino).

Schéma de câblage complet :

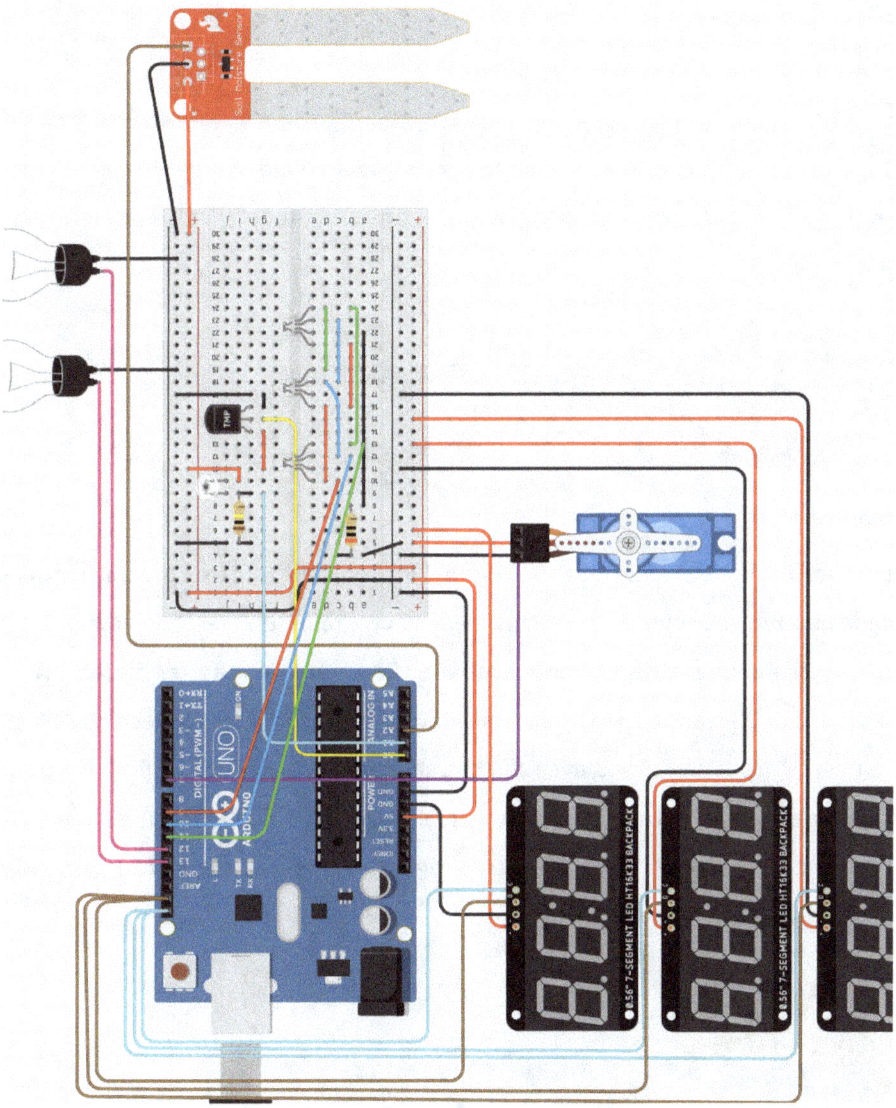

Parfait ! Maintenant que tous les composants sont connectés avec succès, nous pouvons commencer la programmation ! C'est parti !

6.3 Développement du code du programme

Dans ce chapitre, nous nous lançons pas à pas dans la programmation nécessaire. La programmation sera un peu plus courte et plus facile que dans le projet précédent.

Étape 1

Dans la première étape, nous commençons - comme d'habitude - par le bloc de titre optionnel (à trouver dans la catégorie "notation") et le texte "plant monitoring".

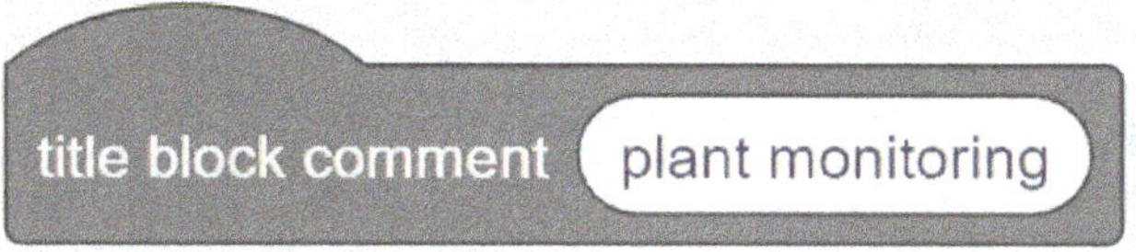

Étape 2

Dans la deuxième étape, nous ajoutons le bloc "on start" qui exécute une certaine ligne de code une seule fois au démarrage du programme. Quel code devons-nous faire exécuter une seule fois dans ce projet ? Pense aux deux autres projets ! Nous n'avons pas d'écrans **LCD** ici, mais nous devons aussi configurer les écrans **LED** à 7 segments. Nous le faisons avec la commande "configure LED display ..." de la catégorie "Output". Nous pouvons voir le numéro et l'adresse en cliquant sur l'écran correspondant. Dans le menu de réglage qui s'ouvre, tu peux aussi changer la couleur de la lumière.

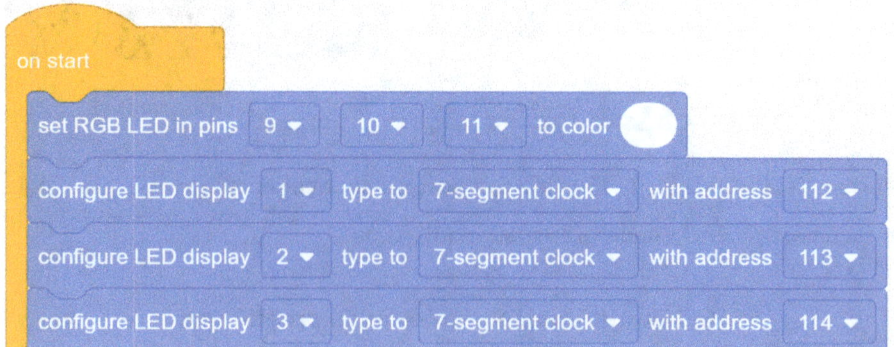

De plus, nous mettons la variable "timeCounter", dont nous aurons besoin plus tard pour les LED RGB, à la valeur initiale de 0.

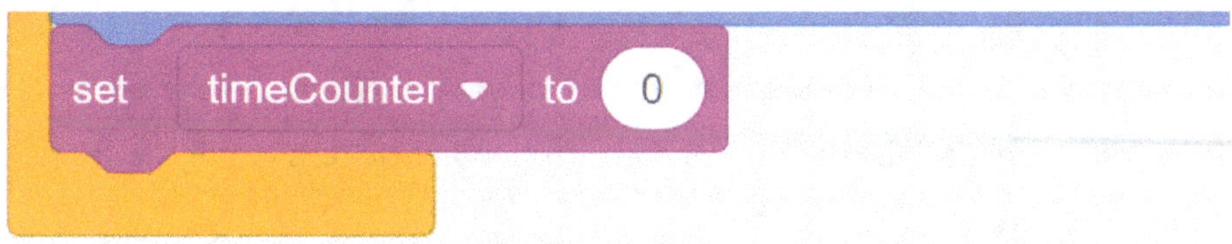

Pour pouvoir le faire, nous devons bien sûr d'abord créer la variable dans la catégorie "Variables" en cliquant sur "Create Variable ...". Nous créons également toutes les autres variables dont nous avons besoin. Dans ce projet, nous avons encore besoin des variables "light" pour la lumière ambiante, "soil" pour l'humidité du sol et "temp" pour la température ambiante.

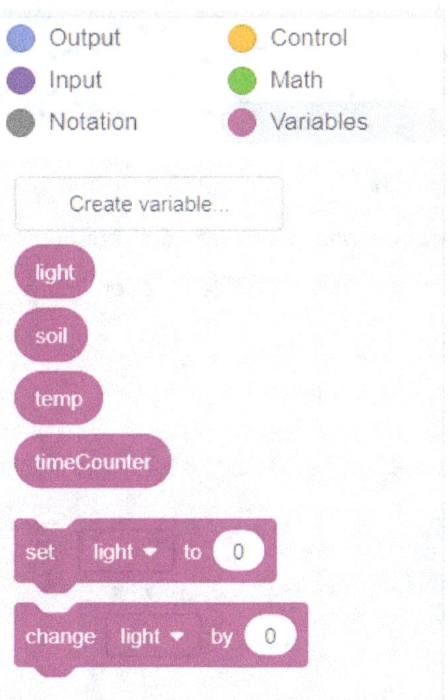

La commande "on start" est maintenant terminée et les variables sont créées. Nous pouvons donc maintenant passer à l'étape suivante.

Étape 3

Dans cette étape, nous commençons par le code du bloc "forever". Nous voulons d'abord lire les valeurs des capteurs et les afficher sur les écrans LED. Pour cela, nous lisons d'abord les valeurs des capteurs, nous les mettons à l'échelle avec un facteur pour un meilleur affichage et nous attribuons ensuite la valeur à la variable correspondante.

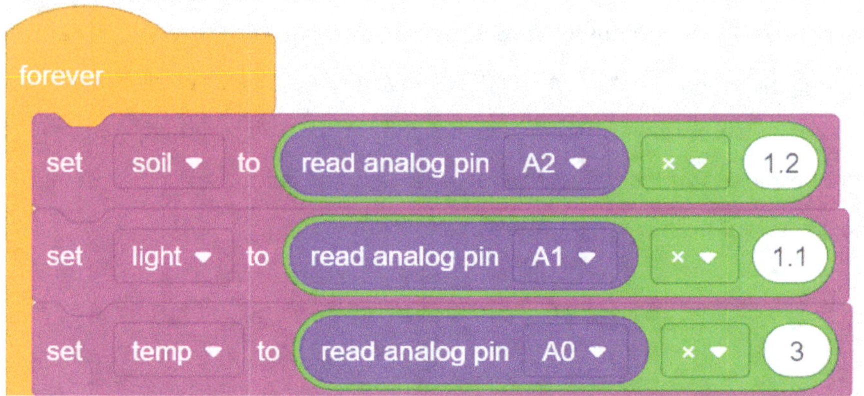

Pour que les valeurs en pourcentage entre 0 et 100 nous soient affichées sur l'écran, nous utilisons d'une part la fonction déjà connue "map ()" (pour convertir les valeurs du capteur) et d'autre part la fonction "constrain ()" pour limiter la valeur de la température à une plage de 0 à 100. La documentation détaillée pour la fonction "constrain ()" se trouve ici :

https://www.arduino.cc/reference/en/language/functions/math/constrain/

Avec "print to LED display ...", nous affichons ensuite la valeur du capteur correspondant, convertie dans la plage de 0 à 100, sur l'écran correspondant.

Étape 4 :

Maintenant, tout ce dont nous avons besoin est le contrôle des actionneurs, c'est-à-dire le contrôle du servomoteur qui doit réguler l'arrivée d'eau, le contrôle des LED RGB et le contrôle des ampoules en fonction de la lumière ambiante ainsi que de la température ambiante.

Dans cette étape, nous commençons par contrôler les LED RGB. Nous voulons que les LED s'allument en rouge pendant 15 secondes dès que la nuit tombe. Pour cela, nous utilisons d'abord une condition if et implémentons la déclaration suivante : si la valeur de la variable "light" (valeur du capteur de lumière ambiante) est inférieure à la valeur 500 (peut aussi être modifiée ; il suffit d'essayer), alors il faut attendre 1 seconde et ensuite augmenter la valeur de la variable "timeCounter" de +1.

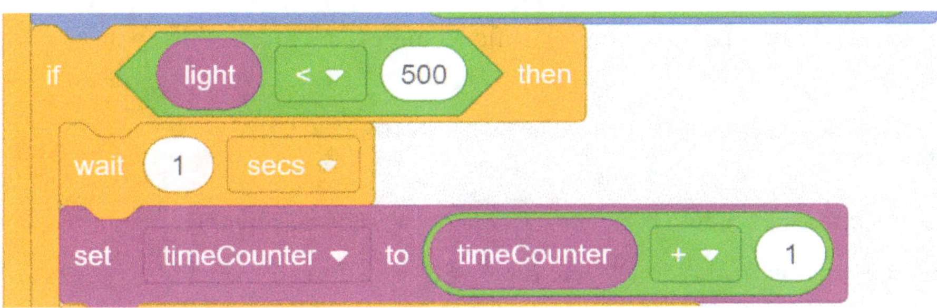

Nos LED RGB doivent s'allumer pendant 15 secondes, c'est-à-dire que nous avons besoin d'une condition if-else qui dit : si la variable "timeCounter" est inférieure à 15 (la valeur 15 correspond ici à 15 secondes, car nous avons attendu 1 seconde avant d'augmenter la valeur de la variable), alors la LED doit s'allumer en rouge, sinon la LED doit être éteinte. N'hésite pas à essayer toi-même avant de jeter un coup d'œil à l'illustration suivante (solution) !

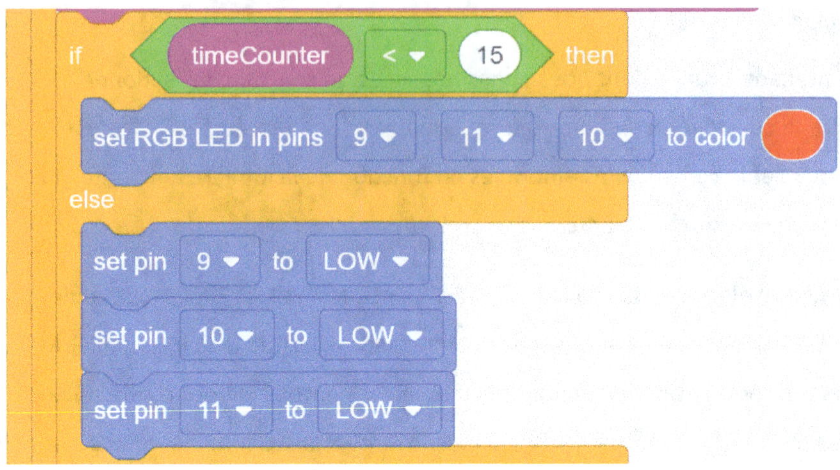

Comme tu peux le voir, il existe une commande spécifique pour déterminer la couleur des LED RGB. Il nous suffit de sélectionner les broches Arduino auxquelles les LED sont connectées (9, 10, 11) et nous pouvons ensuite déterminer la couleur. Si la LED ne doit pas s'allumer, il suffit de mettre les broches de connexion sur "LOW" ("off").

Étape 5 :

Dans cette étape, nous continuons avec la commande du servomoteur qui pourrait réguler une alimentation en eau. A partir d'une certaine humidité de la terre (= valeur du capteur d'humidité du sol), l'alimentation en eau doit être soit ouverte soit arrêtée. Nous utilisons pour cela une condition if-else et déterminons que la valeur du capteur doit être soit inférieure soit supérieure à 500 (choisie librement) pour que l'alimentation en eau soit activée ou désactivée.

Comme nous pouvons le voir, dans ce code de programme, nous avons supposé que l'alimentation en eau est ouverte lorsque le servomoteur est en position 0 degré. L'alimentation en eau est fermée lorsque le servomoteur se déplace vers la position 90 degrés. C'est le cas lorsqu'il y a suffisamment d'humidité dans le sol (la valeur du capteur stockée dans "soil" est supérieure à 500). Nous aurions pu écrire ce code d'une autre manière. Sais-tu comment faire ? Nous aurions pu par exemple écrire que l'arrivée d'eau doit s'ouvrir (position 0 degré ou aussi position 90 degrés, selon le moment où l'arrivée d'eau est ouverte) si la valeur de "soil" est inférieure à 500 (le terreau est donc trop sec). On arrive ainsi à la même action.

Étape 6 :

De la même manière qu'à l'étape 5, nous procédons à cette étape pour contrôler les deux ampoules en fonction de la température ambiante. Tu peux essayer d'abord seul, c'est la meilleure façon d'apprendre ! Fais une pause ici et regarde ensuite la solution.

Nous voulons que les ampoules (notre chauffage provisoire) s'allument lorsqu'il fait trop froid (valeur de température inférieure à 15° C). Pour cela, nous utilisons une condition if-else. L'équation pour la valeur de la température est : Temp_C = (valeur du capteur - 104) * 165/338. Nous avons également multiplié notre variable "temp" par 3 au début, nous devons donc en tenir compte ici aussi. Pour trouver la valeur que nous devons indiquer pour 15 °C dans notre condition, nous devons donc calculer de la manière suivante : temp = ((Temp_C * 338/165) + 104) *Donc : temp = ((15 °C * 338/165) + 104) * 3 = 404,18. Nous arrondissons la valeur à 400. C'est la valeur que nous devons indiquer pour la variable "temp" dans la condition if-else.

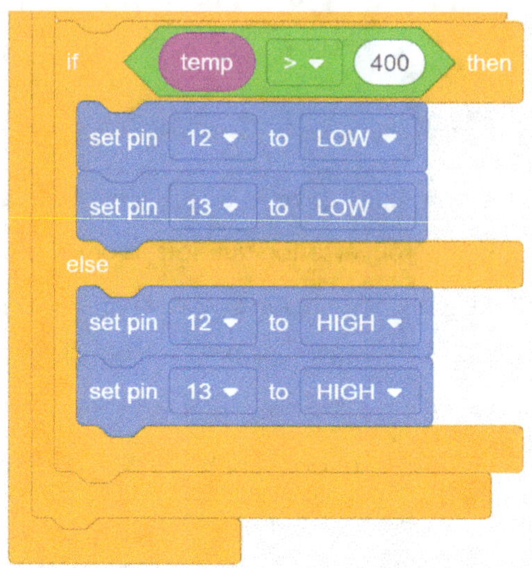

Voici donc ce que nous avons mis en œuvre ici : Si la température est supérieure à 15 °C (temp > 400), les broches 12 et 13, qui contrôlent le circuit électrique des deux ampoules, doivent recevoir la valeur "LOW" ("off"). Dans le cas contraire (si la température est inférieure à 15 °C ou à la valeur du capteur 400), les ampoules doivent recevoir du courant pour pouvoir s'allumer (broches 12 et 13 "HIGH").

Super ! Maintenant, nous avons terminé le code du programme et nous pouvons profiter de la simulation. Les valeurs des capteurs peuvent être simulées - comme d'habitude - à l'aide d'un curseur en cliquant sur le capteur correspondant. Les DEL s'allument d'ailleurs déjà au début pendant 15 secondes, car la valeur de sortie du capteur est réglée par programme sur tout à fait sombre. Le servomoteur se déplace également brièvement à 90° et inversement pour l'initialisation.

title block comment (plant monitoring)
on start
configure LED display 1 ▾ type to 7-segment clock ▾ with address 112 ▾
configure LED display 2 ▾ type to 7-segment clock ▾ with address 113 ▾
configure LED display 3 ▾ type to 7-segment clock ▾ with address 114 ▾
set timeCounter ▾ to 0
forever
set soil ▾ to read analog pin A2 ▾ × ▾ 1.2
set light ▾ to read analog pin A1 ▾ × ▾ 1.1
set temp ▾ to read analog pin A0 ▾ × ▾ 3
print to LED display 1 ▾ constrain map temp to range -5 to 96 to range 0 to 100
print to LED display 2 ▾ map light to range 0 to 92
print to LED display 3 ▾ map soil to range 0 to 98
if light < ▾ 500 then
wait 1 secs ▾
set timeCounter ▾ to timeCounter + ▾ 1
if timeCounter < ▾ 15 then
set RGB LED in pins 9 ▾ 11 ▾ 10 ▾ to color
else
set pin 9 ▾ to LOW ▾
set pin 10 ▾ to LOW ▾
set pin 11 ▾ to LOW ▾
if soil > ▾ 500 then
rotate servo on pin 7 ▾ to 90 degrees
else
rotate servo on pin 7 ▾ to 0 degrees
if temp > ▾ 400 then
set pin 12 ▾ to LOW ▾
set pin 13 ▾ to LOW ▾
else
set pin 12 ▾ to HIGH ▾
set pin 13 ▾ to HIGH ▾

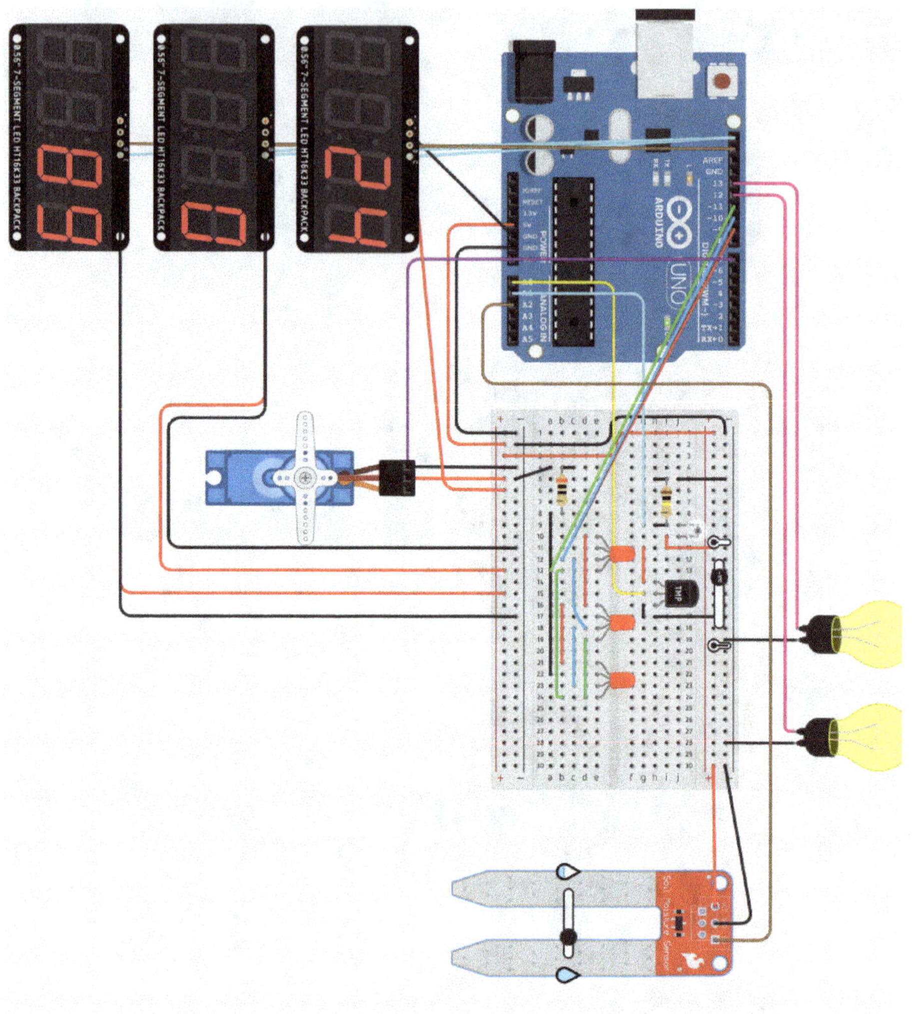

Tu peux à nouveau régler les valeurs des capteurs en cliquant dessus à l'aide du curseur.

7 Projet 4 | Aide au stationnement et surveillance de l'air du garage

Dans ce projet, nous nous consacrons à une aide au stationnement pour notre voiture dans le garage. Le système peut par exemple être fixé sur le mur du garage et doit nous indiquer la distance qui nous sépare du mur avec notre voiture.

Dans ce projet, nous utilisons un capteur à ultrasons pour déterminer la distance et un écran LCD pour afficher la distance. La distance entre le capteur et l'objet (par exemple le pare-chocs de la voiture), doit être affichée sur l'écran en "cm". Le processus doit commencer à une distance d'environ 320 cm (distance maximale que le capteur à ultrasons peut mesurer) et se terminer à une distance d'environ 2 cm (distance minimale que le capteur à ultrasons peut mesurer).

Pour rendre ce projet un peu plus compliqué, nous allons également surveiller la porte de garage. Nous pouvons par exemple installer un capteur d'inclinaison sur la porte de garage. Lorsque la porte de garage est fermée (porte basculante), une LED RGB doit s'allumer, par exemple en jaune. Dès que la porte de garage est complètement fermée, la LED RGB doit s'allumer, par exemple en vert. La surveillance de la fermeture complète pourrait être effectuée par un capteur de force, par exemple, au point d'ancrage de la porte de garage.

Enfin, nous intégrerons un capteur de gaz dans le projet pour surveiller l'air du garage. Dès qu'une quantité significative de gaz est détectée, une LED rouge clignote et un buzzer retentit. En outre, dans ce cas, un servomoteur doit se mettre en position 90°, qui pourrait par exemple ouvrir une fenêtre pour l'arrivée d'air frais via un mécanisme. Dès que le gaz n'est plus détecté, le processus doit se dérouler en sens inverse, c'est-à-dire que le moteur doit fermer la fenêtre en se déplaçant vers la position 0°. La LED et le son doivent également s'éteindre à ce moment-là.

7.1 Composants nécessaires

Lien vers le projet Tinkercad : https://bit.ly/3aj86Sv

Nombre	Désignation
1	Arduino Uno
1	Breadboard (petite)
1	Capteur à ultrasons **Parallax PING))** (ultrasonic distance sensor)
1	Capteur de basculement SW 2000 (tilt sensor)
1	Capteur de force (force sensor)
1	Capteur de gaz (gas sensor)
1	Servomoteur
1	Buzzer piézoélectrique (Piezo)
1	LEDs RGB
1	LED (rouge)
1	10 kΩ Résistance pour capteur de basculement
2	100 Ω Résistance pour LED RGB et LED
2	1 kΩ Résistance pour capteur de gaz et capteur de force
1	Écran LCD 16×2 **(basé sur I2C et MCP23008)**

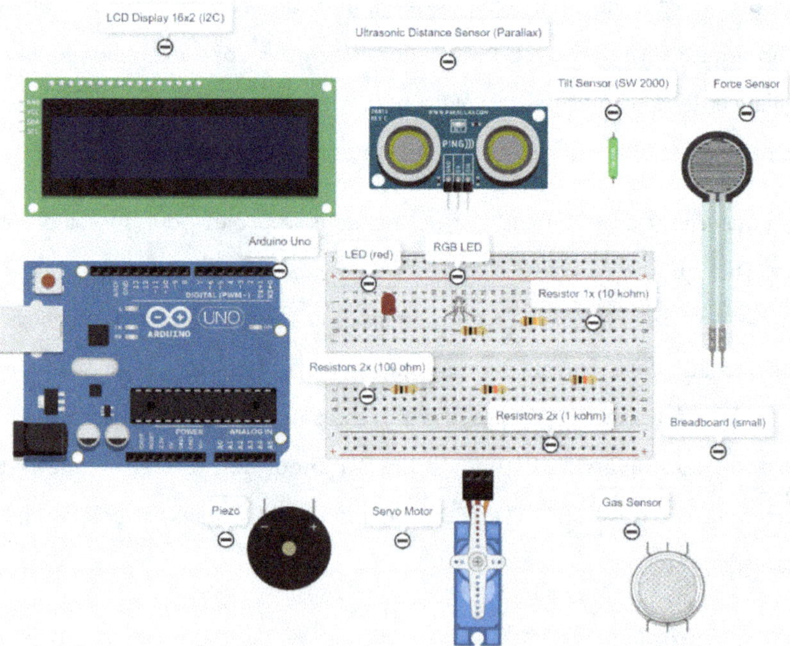

Rafraîchissement sur le capteur à ultrasons "Parallax PING 28015" :

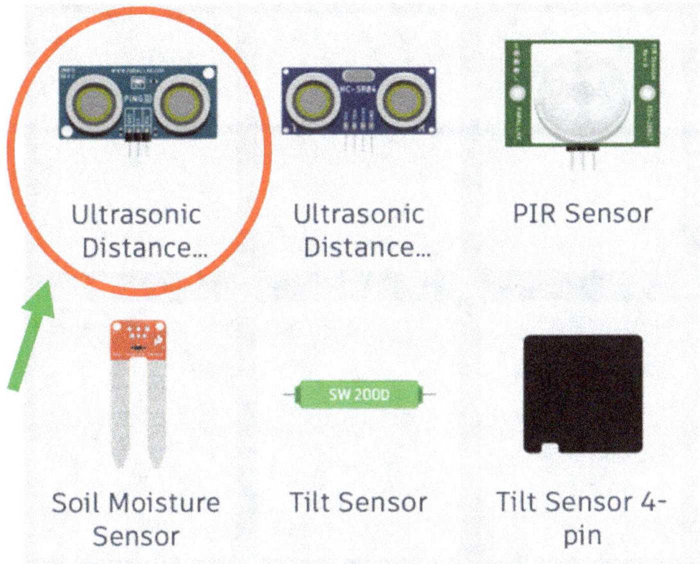

Le capteur "PING 28015" de "Parallax" est un capteur de proximité économique à base d'ultrasons. Selon la fiche technique du fabricant, la zone de détection de ce capteur se situe entre 2 cm et 300 cm, ce qui peut être considéré comme une bonne portée. Une particularité de ce capteur est qu'il peut communiquer avec un microcontrôleur, par exemple Arduino, à l'aide d'une seule broche ("SIG"). D'une part, cela rend la connexion si simple, et d'autre part, cela aide dans les projets complexes à pouvoir utiliser le nombre limité de broches d'entrée et de sortie avec de nombreux autres composants. Le capteur possède deux autres connecteurs "GND" et "5V" qui, comme tu peux t'en douter maintenant, sont nécessaires pour l'alimentation électrique. Tu peux télécharger la fiche technique complète par exemple ici : https://www.mouser.com/datasheet/2/321/28015-PING-Sensor-Product-Guide-v2.0-461050.pdf

7.2 La conception du schéma électrique

Avant de procéder au câblage de nos composants, regardons d'abord à nouveau la vue schématique du schéma de câblage dont nous avons besoin.

Schéma de câblage :

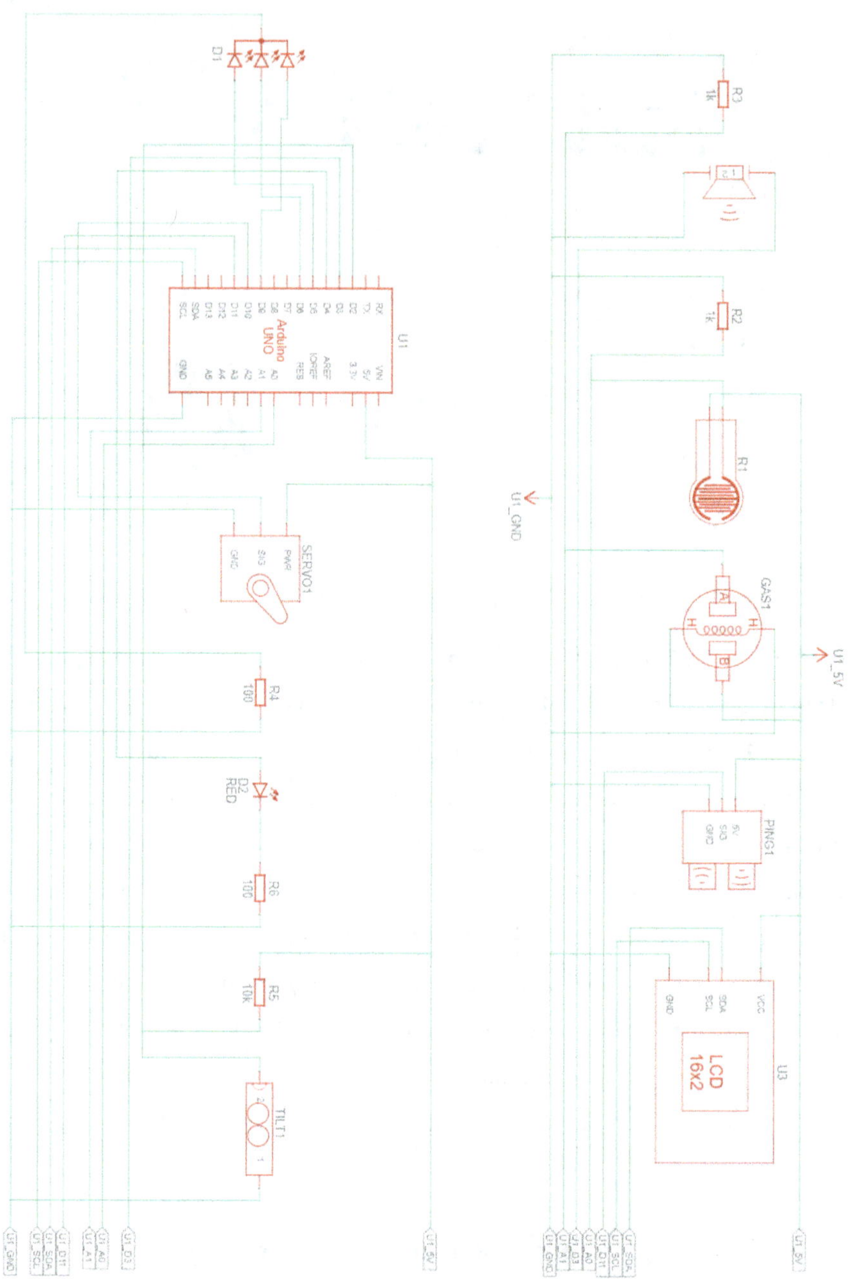

Pour le câblage, nous commençons comme d'habitude avec la breadboard comme point de départ au milieu du circuit et l'Arduino à sa gauche.

Nous équipons le breadboard avec la LED rouge, la LED RGB et les résistances comme indiqué. Ensuite, nous connectons le breadboard à l'alimentation de l'Arduino (5V et GND pour l'Arduino et "+" et "-" pour le breadboard). Nous connectons également les deux lignes supérieures "+" et "-" du breadboard à l'alimentation électrique. Pour finir, nous ajoutons des lignes noires et rouges, comme indiqué. Nous en avons besoin pour les autres composants.

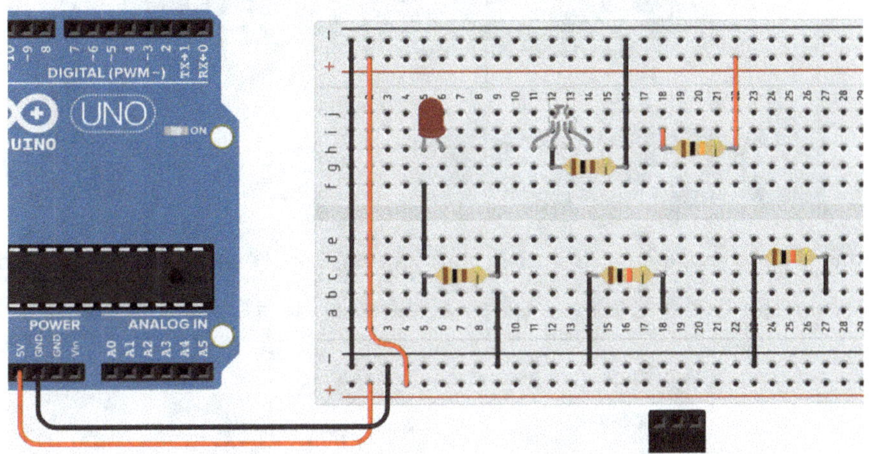

Ensuite, nous connectons les broches de la LED RGB (bleu, vert, rouge) aux broches Arduino 5, 6 et 9. De plus, nous connectons l'anode de la LED rouge à la broche 4 de l'Arduino.

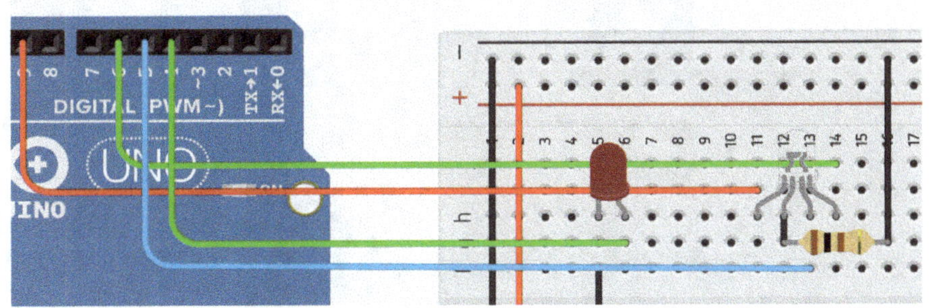

Ensuite, nous connectons l'écran LCD. Nous avons déjà de l'expérience dans ce domaine.

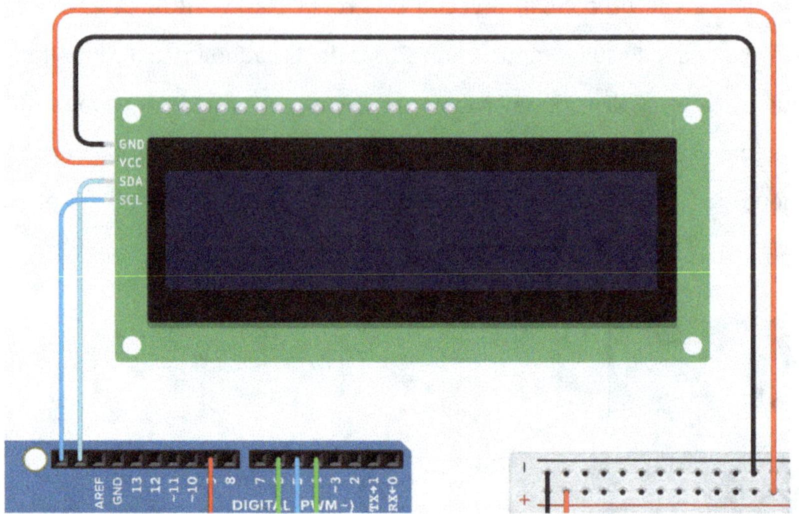

Nous câblons également le buzzer piézo en utilisant d'une part la broche 3 de l'Arduino (fil jaune) et en connectant d'autre part le piézo à la masse ("-") du breadboard.

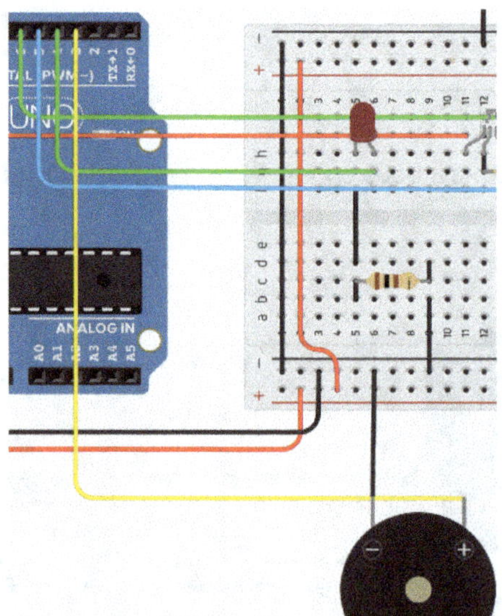

Nous connectons ensuite également le servomoteur en l'alimentant en électricité et en plaçant un fil violet de la broche 10 de l'Arduino à la prise de signal du servomoteur.

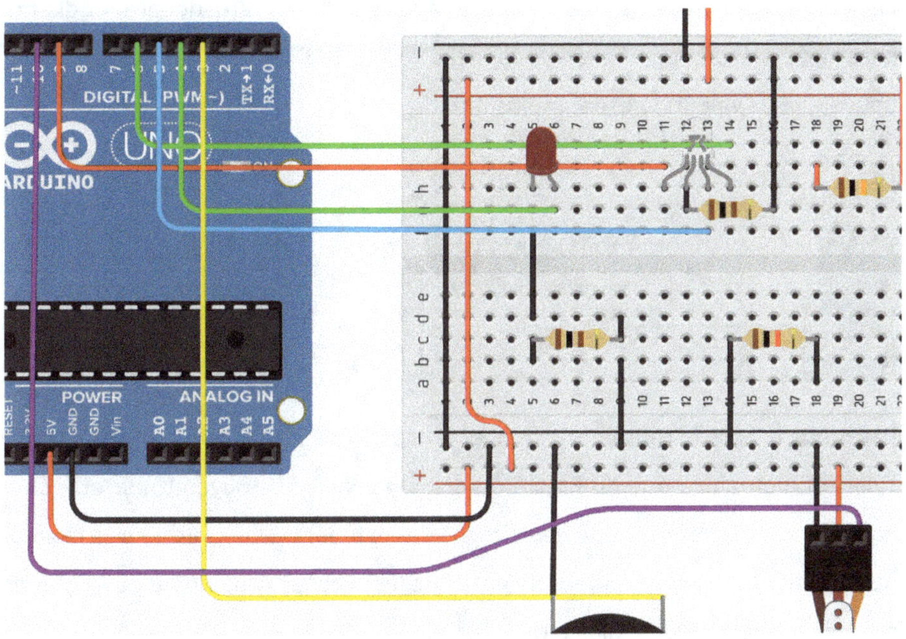

Ensuite, il faut connecter le capteur à ultrasons. Ici aussi, nous avons besoin d'une alimentation électrique et nous plaçons une ligne de données (orange) de "SIG" à la broche 11 de l'Arduino.

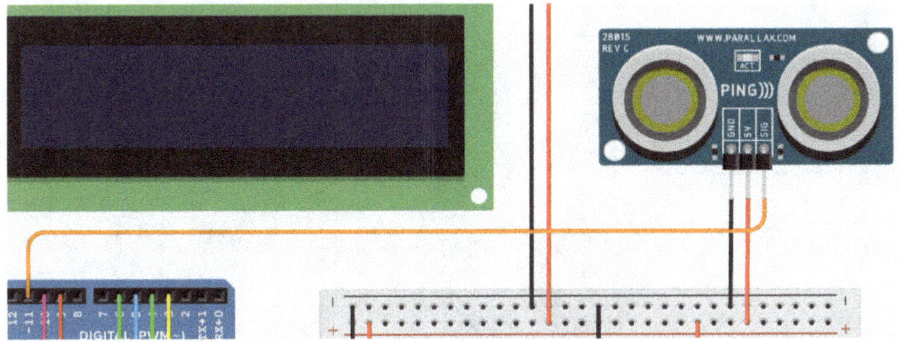

Maintenant, nous pouvons aussi connecter le capteur de basculement. Pour cela, nous relions une connexion du capteur (peu importe laquelle) à la ligne "-" du breadboard. L'autre connexion est divisée par un fil jaune. D'une part, nous alimentons le capteur via une résistance à la ligne "+" du breadboard, et d'autre part, nous plaçons une ligne de données rose à la broche 2 de l'Arduino pour pouvoir lire la valeur du capteur plus tard.

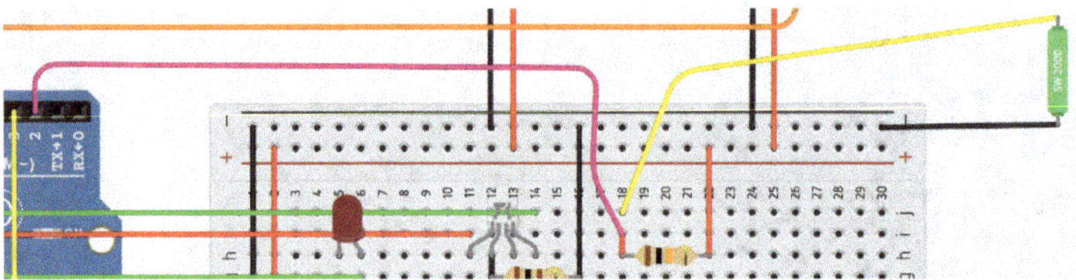

Il manque encore le capteur de force et le capteur de gaz, que nous connectons à l'alimentation électrique du breadboard comme suit (fils rouge et noir). De plus, nous devons placer une ligne de données des capteurs (bleu clair pour le capteur de force et vert pour le capteur de gaz) vers les broches Arduino A0 et A1 afin de pouvoir lire leurs valeurs plus tard.

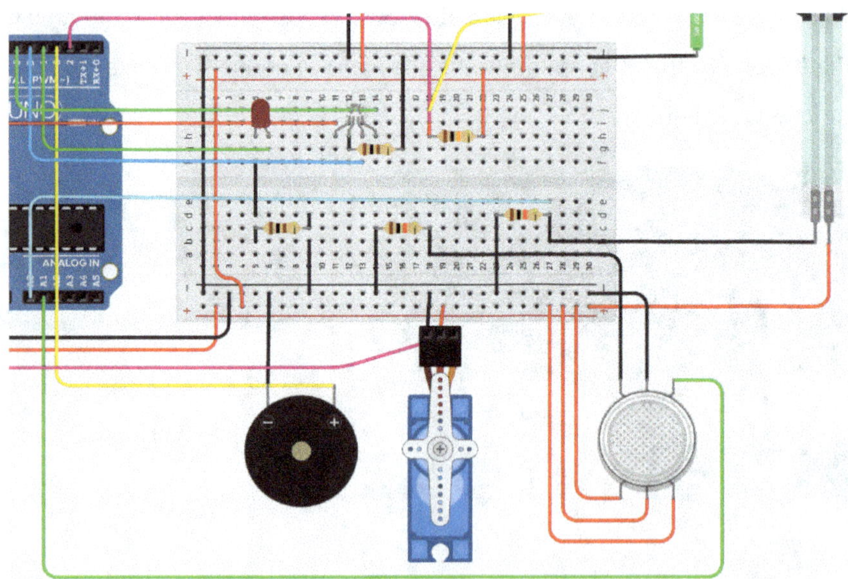

Schéma de câblage complet :

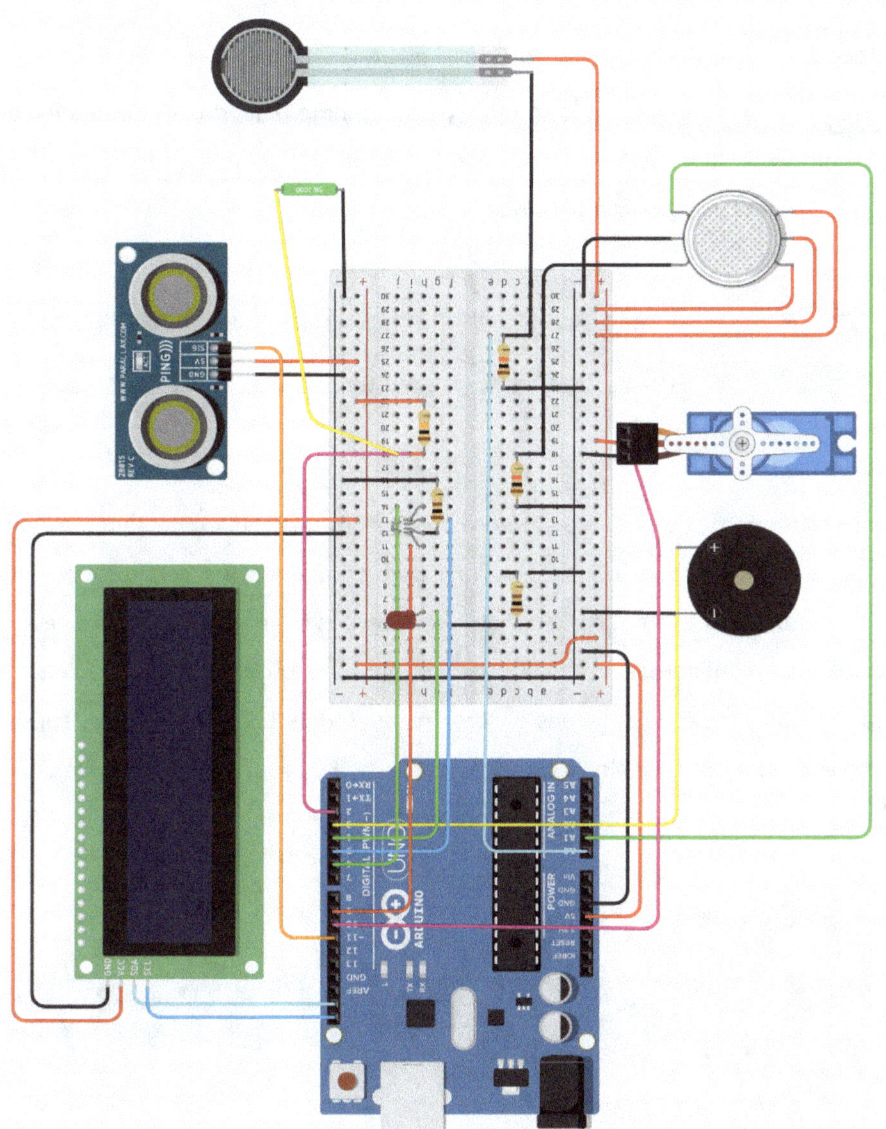

Parfait ! Maintenant que tous les composants sont connectés avec succès, nous pouvons commencer la programmation ! C'est parti !

7.3 Développement du code du programme

Dans ce chapitre, nous nous attaquons à nouveau à la programmation nécessaire, étape par étape.

Étape 1

Dans la première étape, nous commençons - comme d'habitude - par le bloc de titre optionnel (à trouver dans la catégorie "notation") et la description : "parking assistance and garage-air monitoring".

Étape 2

Dans la deuxième étape, nous ajoutons le bloc "on start" qui exécute une certaine ligne de code une seule fois au démarrage du programme. Quel code devons-nous exécuter une seule fois dans ce projet ? Nous savons maintenant que nous devons absolument configurer l'écran LCD. De plus, nous attribuons la valeur 0 à l'une de nos variables (que nous devons encore créer) au début. Cette variable s'appelle "togle" et sera responsable du clignotement de la LED rouge (comme dans le projet 2).

Étape 3

Maintenant, nous créons aussi toutes les autres variables dont nous avons besoin. Il s'agit de : "distance" pour le capteur de distance, "tilt" pour le capteur d'inclinaison, "force" pour le capteur de force et "gas" pour le capteur de gaz.

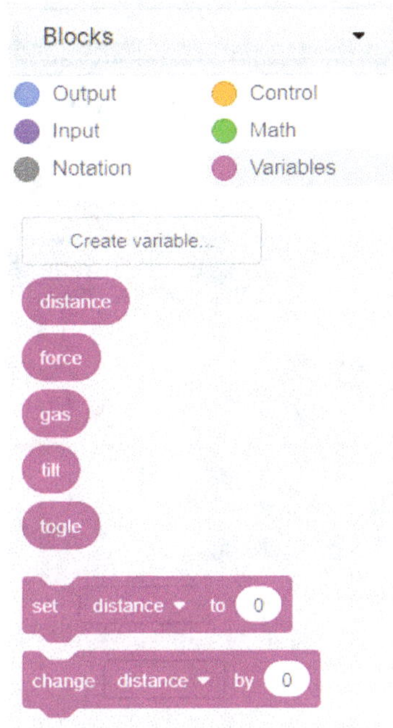

Étape 4 :

Maintenant, nous utilisons les variables créées précédemment pour y stocker les valeurs des capteurs respectifs - après la lecture. Nous le faisons - comme d'habitude - avec ? Exactement, avec "set ... to" et "read ...".

Il y a une particularité à prendre en compte pour le capteur à ultrasons. Notre capteur à ultrasons possède des connexions pour l'alimentation électrique (5V et

GND) et <u>une</u> connexion pour le signal (SIG). Cette connexion est également appelée "trigger" pour d'autres capteurs. Lorsque cette broche du capteur reçoit un signal, le capteur à ultrasons émet une onde ultrasonore. Cependant, d'autres capteurs ont une broche supplémentaire appelée "écho", qui reçoit un signal dès que le signal ultrasonique renvoyé par l'objet est à nouveau reçu par le capteur. C'est le cas, par exemple, du capteur à ultrasons "HC-SR04" :

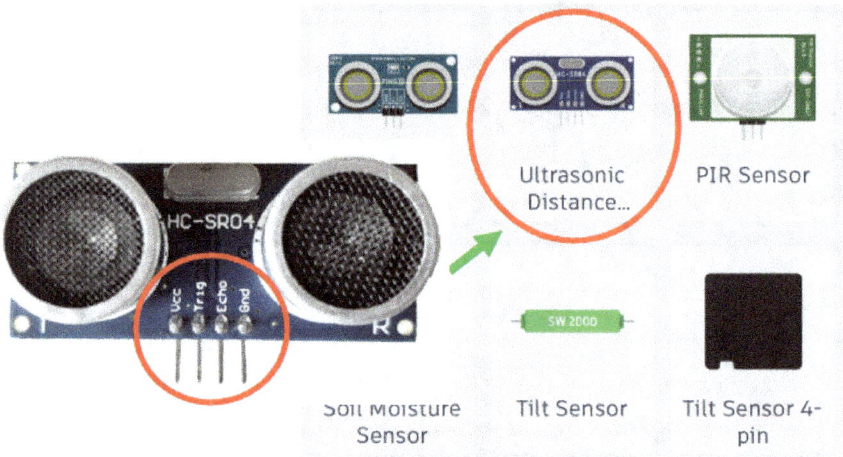

Mais dans notre cas, le capteur ne possède qu'une seule broche (SIG) pour ces deux fonctions, c'est pourquoi nous réglons la broche de déclenchement sur 11 (connexion sur Arduino) et la broche d'écho (echo pin) sur "same as trigger". Nous indiquons également l'unité de mesure dans laquelle la valeur mesurée doit être affichée (cm).

Les autres capteurs sont lus normalement soit avec "read digital ..." soit avec "read analog ..." sur leurs broches de connexion (2, A0, A1) et les valeurs mesurées sont ensuite sauvegardées dans la variable correspondante avec "set ...".

Étape 5 :

Comme nous voulons que la valeur mesurée par le capteur à ultrasons s'affiche sur l'écran LCD, nous allons créer la programmation pour cela dans cette étape. Réfléchis si tu peux déjà le faire toi-même. C'est relativement simple, nous utilisons les mêmes commandes que celles que nous utilisons chaque fois que nous voulons afficher quelque chose sur un écran. Affichage : "Distance : *valeur* cm".

Nous pouvons mettre cela en pratique de la manière suivante :

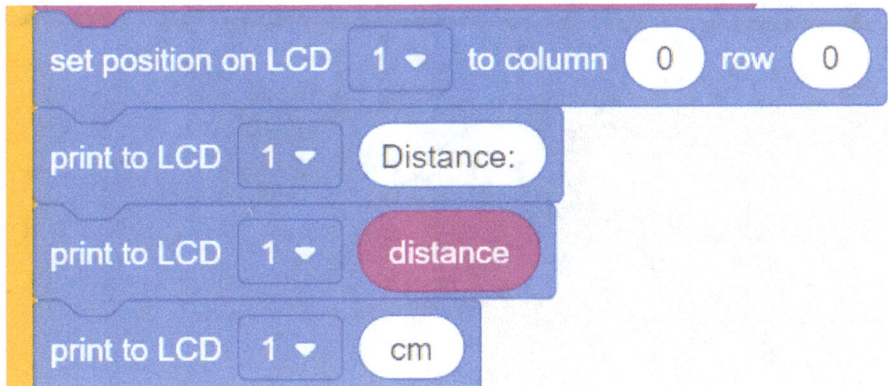

Étape 6 :

Ensuite, nous implémentons la fonction d'avertissement (son piézo et clignotement de la LED rouge) et le mécanisme d'ouverture de la fenêtre (servomoteur). Tu peux également essayer de le faire de manière autonome. La valeur seuil pour l'activation est par exemple de 110 (capteur de gaz). Tu peux également programmer le clignotement de la LED, nous avons déjà réalisé un tel processus dans le projet 2.

Aide : utilise d'abord une condition if-else (si "gas" > valeur, alors action ... sinon action inverse) et dans cette première condition if-else, une autre condition if-else imbriquée pour le clignotement. Pour le clignotement, utilise la variable "togle" et les deux valeurs "0" ou "1".

Solution :

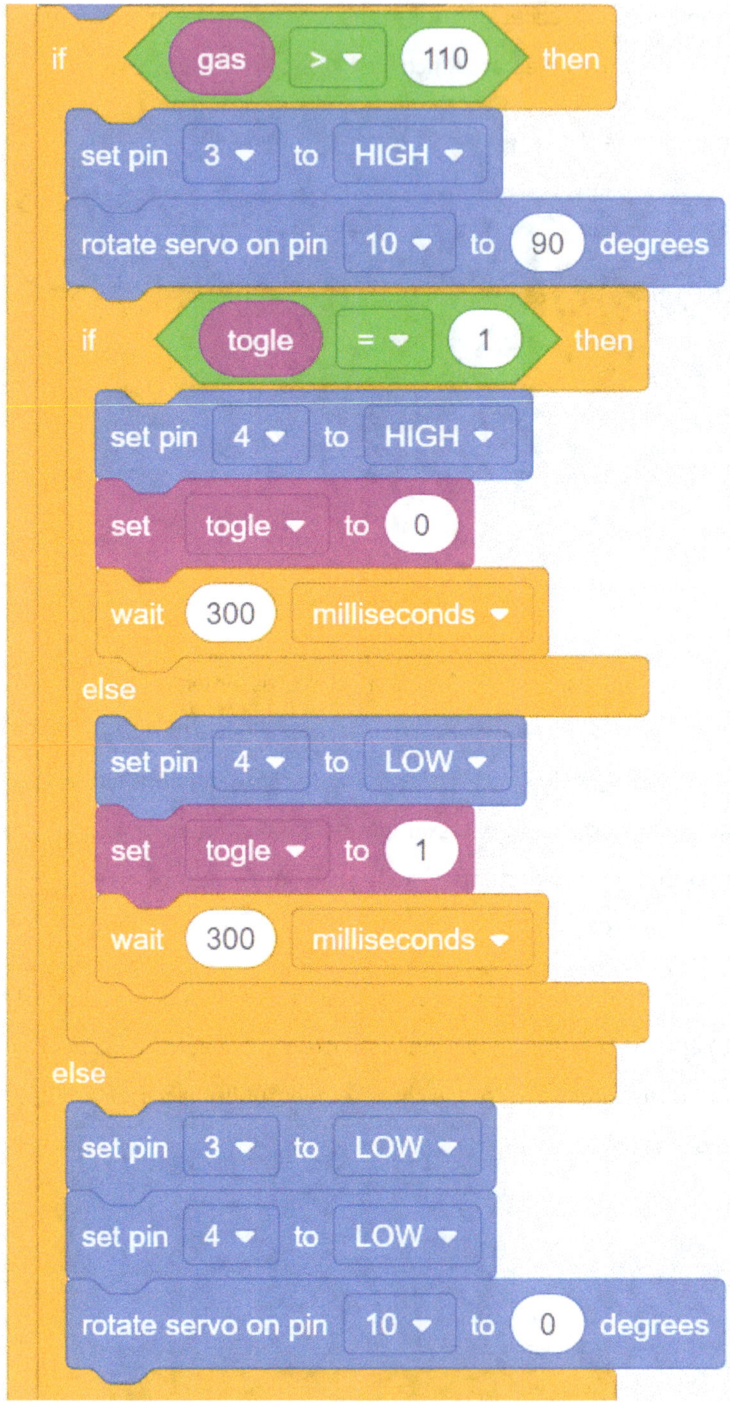

if gas > 110 then
set pin 3 to HIGH
rotate servo on pin 10 to 90 degrees
if togle = 1 then
set pin 4 to HIGH
set togle to 0
wait 300 milliseconds
else
set pin 4 to LOW
set togle to 1
wait 300 milliseconds
else
set pin 3 to LOW
set pin 4 to LOW
rotate servo on pin 10 to 0 degrees

Il se peut que ta solution soit structurellement un peu différente, tant que le contenu est identique et que la fonction est garantie, la solution peut aussi être différente, il n'y a pas qu'une seule façon de procéder. Essaie ta solution et tu verras si elle fonctionne.

Étape 7 :

Il manque encore les actions pour le capteur de force et le capteur d'inclinaison. Dans cette étape, nous nous occupons d'abord du capteur de force. Si la force est supérieure à la valeur seuil 70, la LED RGB doit s'allumer en vert, car la porte de garage est alors fermée. Pour cela, nous pouvons facilement procéder comme suit :

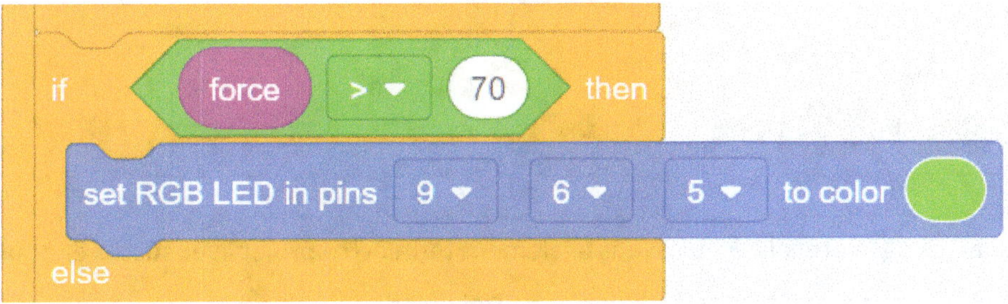

Étape 8 :

Dans cette dernière étape, nous implémentons également le capteur de basculement. La LED RGB doit s'allumer en jaune dès que la porte de garage s'incline, sinon la LED RGB doit s'allumer en blanc. Le capteur de basculement fournit le signal numérique "ON" ("1") lorsqu'il se trouve en position horizontale (pas de basculement). Dès que le capteur d'inclinaison est tenu de manière inclinée (>10 degrés ; processus d'inclinaison), une petite boule roule à l'intérieur vers l'autre extrémité. Le circuit électrique est alors interrompu et le capteur envoie le signal "OFF" ("0"). Le capteur n'est donc en fait qu'un interrupteur sensible à l'inclinaison.

Nous devons donc créer un code de programme qui fait briller le RGB en jaune si le capteur fournit la valeur "0" (utiliser la variable "tilt"). Dans le cas contraire, le RGB doit s'allumer en blanc. Essaie de le faire ! La solution va suivre.

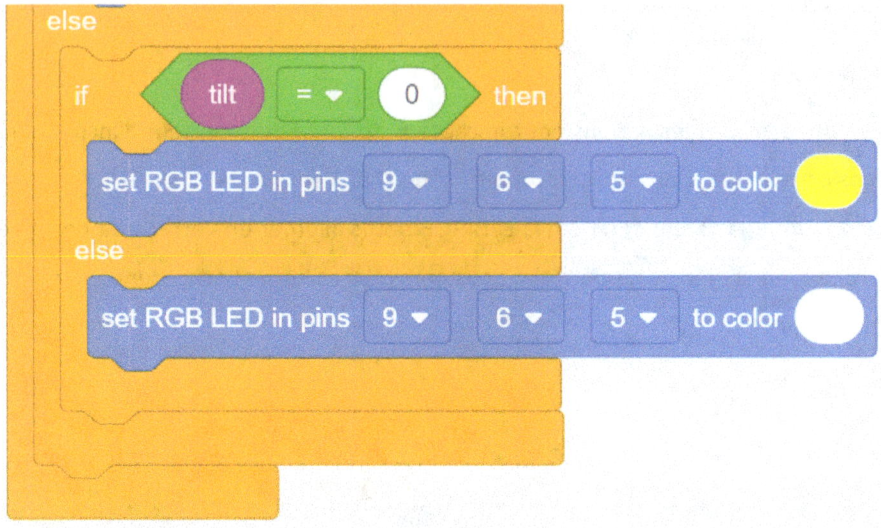

Parfait ! Maintenant, nous avons également terminé ce projet avec succès et nous pouvons commencer la simulation dans Tinkercad.

Ensuite, nous continuerons avec notre dernier projet ! Bientôt, nous aurons terminé. Entre-temps, tu peux certainement déjà réaliser de manière autonome quelques autres projets que tu voulais peut-être faire depuis longtemps.

```
title block comment ( parking assistance and garage-air monitoring )

on start
  configure LCD  1 ▼  type to  I2C (MCP23008) ▼  with address  32 ▼
  set  togle ▼  to  0

forever
  set  distance ▼  to  read ultrasonic distance sensor on trigger pin  11 ▼  echo pin  same as trigger ▼  in units  cm ▼
  set  tilt ▼  to  read digital pin  2 ▼
  set  force ▼  to  read analog pin  A0 ▼
  set  gas ▼  to  read analog pin  A1 ▼
  set position on LCD  1 ▼  to column  0  row  0
  print to LCD  1 ▼  ( Distance: )
  print to LCD  1 ▼  distance
  print to LCD  1 ▼  ( cm )
  if  gas  > ▼  110  then
    set pin  3 ▼  to  HIGH ▼
    rotate servo on pin  10 ▼  to  90  degrees
    if  togle  = ▼  1  then
      set pin  4 ▼  to  HIGH ▼
      set  togle ▼  to  0
      wait  300  milliseconds ▼
    else
      set pin  4 ▼  to  LOW ▼
      set  togle ▼  to  1
      wait  300  milliseconds ▼
  else
    set pin  3 ▼  to  LOW ▼
    set pin  4 ▼  to  LOW ▼
    rotate servo on pin  10 ▼  to  0  degrees
  if  force  > ▼  70  then
    set RGB LED in pins  9 ▼  6 ▼  5 ▼  to color  ●
  else
    if  tilt  = ▼  0  then
      set RGB LED in pins  9 ▼  6 ▼  5 ▼  to color  ●
    else
      set RGB LED in pins  9 ▼  6 ▼  5 ▼  to color  ○

  title block comment ( parking assistance and garage-air monitoring )
```

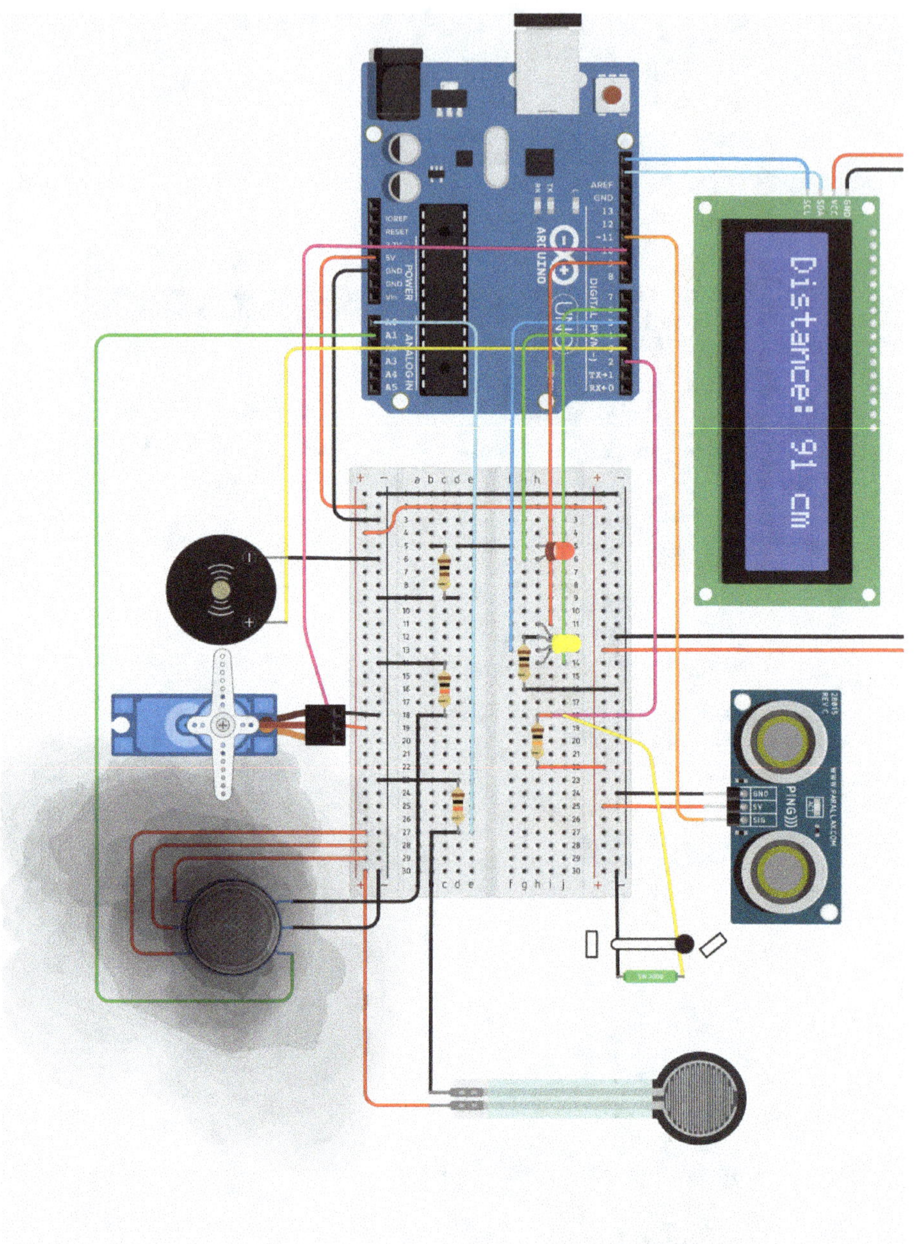

Dans ce projet, nous avons choisi d'afficher la distance en "cm" sur l'écran LCD. Mais tu pourrais aussi afficher la distance avec un anneau NeoPixel (24 LED).

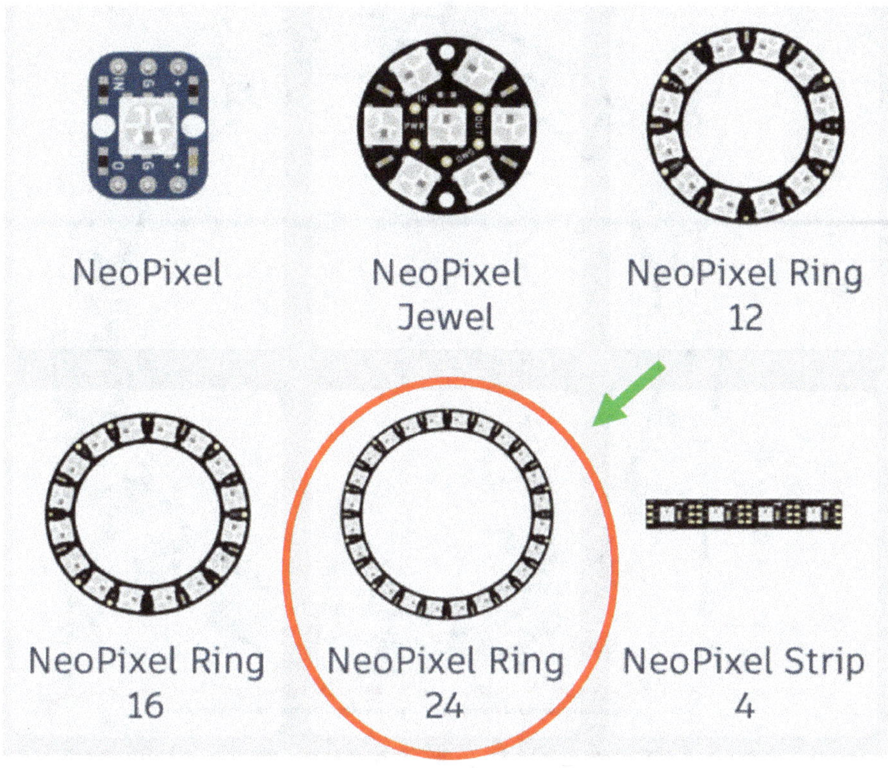

Par exemple, nous voulons que toutes les LED de l'anneau s'allument dès que nous sommes très proches du mur du garage avec la voiture. Plus on s'éloigne, moins les LED de l'anneau doivent s'allumer. Si nous nous trouvons très loin, aucune LED ne doit s'allumer.

Tu peux trouver le projet Tinkercad avec Neopixel LED ici : https://bit.ly/3P8RBaC

En ce qui concerne le schéma électrique du projet initial, nous devons faire les deux changements suivants :

1. nous effaçons l'écran LCD et son câblage

2. nous câblons l'anneau de LED NeoPixel (24) comme suit (rouge, noir, vert)

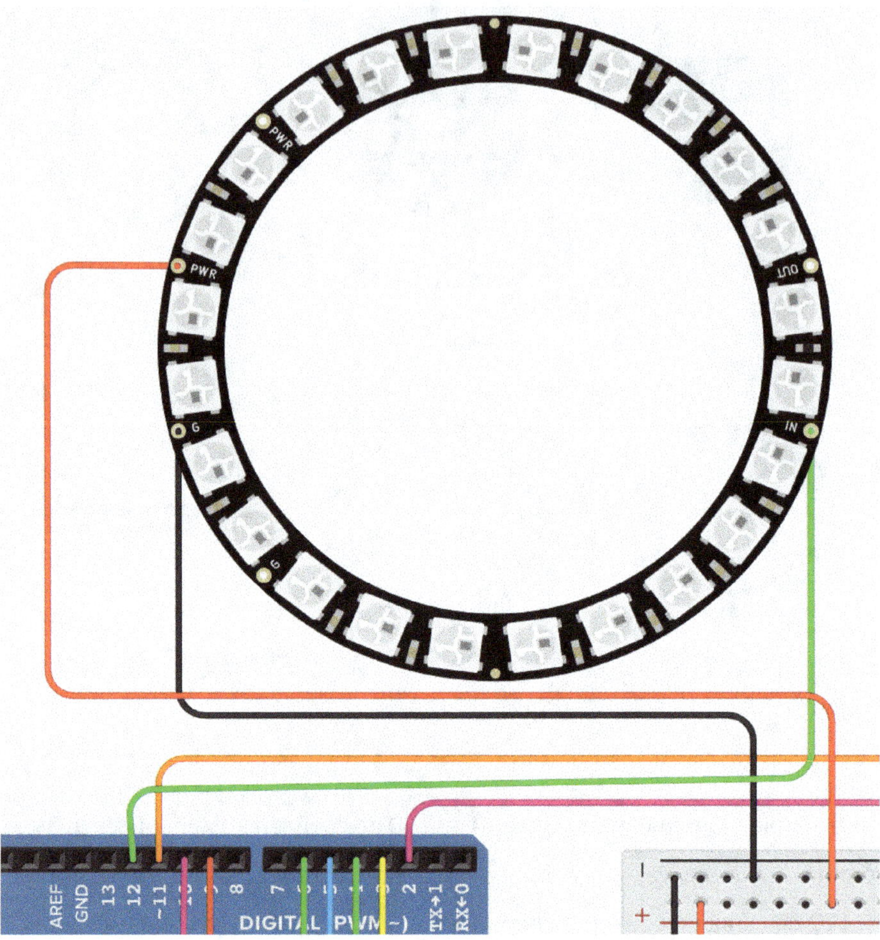

Mais pour la programmation, nous devons à nouveau travailler avec le code texte pour l'anneau NeoPixel, car aucun bloc n'est disponible pour ce composant. Dans Tinkercad, tu peux revenir à l'affichage "Block + Text" dans le projet original et comparer ainsi le code avec le code texte suivant.

Le code du programme est

```
#include <Adafruit_NeoPixel.h>
```

```
#include <Servo.h>
```

```cpp
int distance = 0;

int telt = 0;

int force = 0;

int gas = 0;

int togle = 0;

#define PIN 12


Servo servo_10;

Adafruit_NeoPixel strip = Adafruit_NeoPixel(24, PIN, NEO_GRB + NEO_KHZ800);


long readUltrasonicDistance(int triggerPin, int echoPin)

{

  pinMode(triggerPin, OUTPUT);  // Clear the trigger

  digitalWrite(triggerPin, LOW);

  delayMicroseconds(2);

  // Sets the trigger pin to HIGH state for 10 microseconds

  digitalWrite(triggerPin, HIGH);

  delayMicroseconds(10);

  digitalWrite(triggerPin, LOW);

  pinMode(echoPin, INPUT);

  // Reads the echo pin, and returns the sound wave travel time in microseconds

  return pulseIn(echoPin, HIGH);

}
```

```
void setup()

{

 pinMode(2, INPUT);

 pinMode(A0, INPUT);

 pinMode(A1, INPUT);

 pinMode(9, OUTPUT);

 pinMode(6, OUTPUT);

 pinMode(5, OUTPUT);

 pinMode(3, OUTPUT);

 servo_10.attach(10, 500, 2500);

 strip.begin();

 pinMode(4, OUTPUT);

Serial.begin(9600);

 togle = 0;

}


void loop()

{

 distance = 0.01723 * readUltrasonicDistance(11, 11);

 telt = digitalRead(2);

 force = analogRead(A0);

 gas = analogRead(A1);

 Serial.println(distance);

 LedStrip();
```

```
if (gas > 110) {

  digitalWrite(3, HIGH);

  servo_10.write(90);

  if (togle == 1) {

    digitalWrite(4, HIGH);

    togle = 0;

    delay(300); // Wait for 300 millisecond(s)

  } else {

    digitalWrite(4, LOW);

    togle = 1;

    delay(300); // Wait for 300 millisecond(s)

  }

} else {

  digitalWrite(3, LOW);

  digitalWrite(4, LOW);

  servo_10.write(0);

}
if (force > 70) {

  analogWrite(9, 51);

  analogWrite(6, 255);

  analogWrite(5, 51);

} else {

  if (telt == 0) {

    analogWrite(9, 255);
```

```cpp
    analogWrite(6, 255);

    analogWrite(5, 0);

  } else {

    analogWrite(9, 255);

    analogWrite(6, 255);

    analogWrite(5, 255);

  }

 }

}

void LedStrip()

{

 int level = map(distance, 20, 300, 24, 0);

 for(byte i=0; i<level; i++)

 {

  strip.setPixelColor(i, 0, 0, 255);

 }

 for(byte i=level; i<24; i++)

 {

  strip.setPixelColor(i, 0, 0, 0);

 }

 strip.show();

}
```

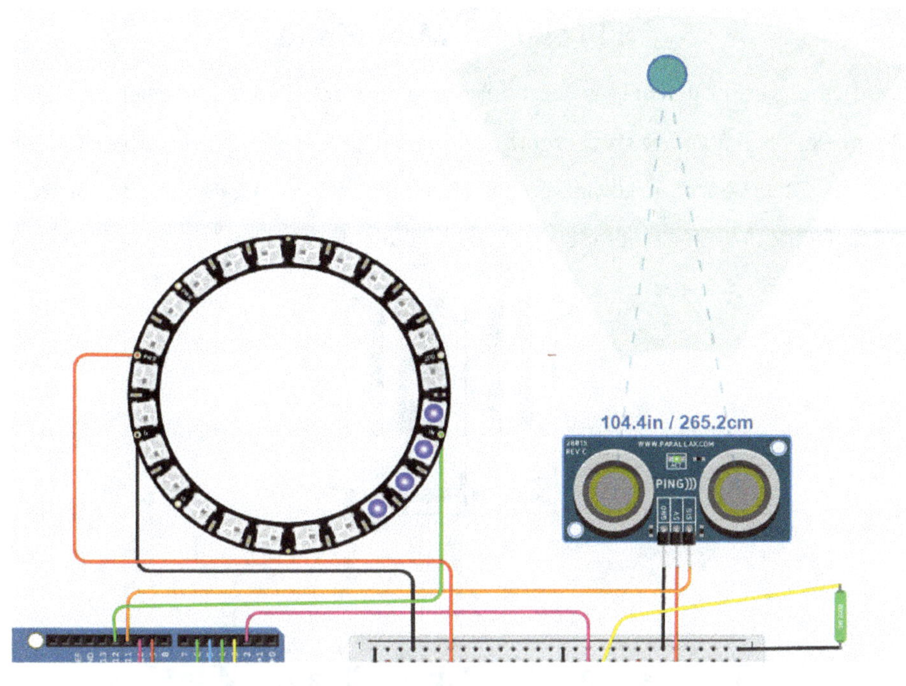

104.4in / 265.2cm
PING)))
WWW.PARALLAX.COM

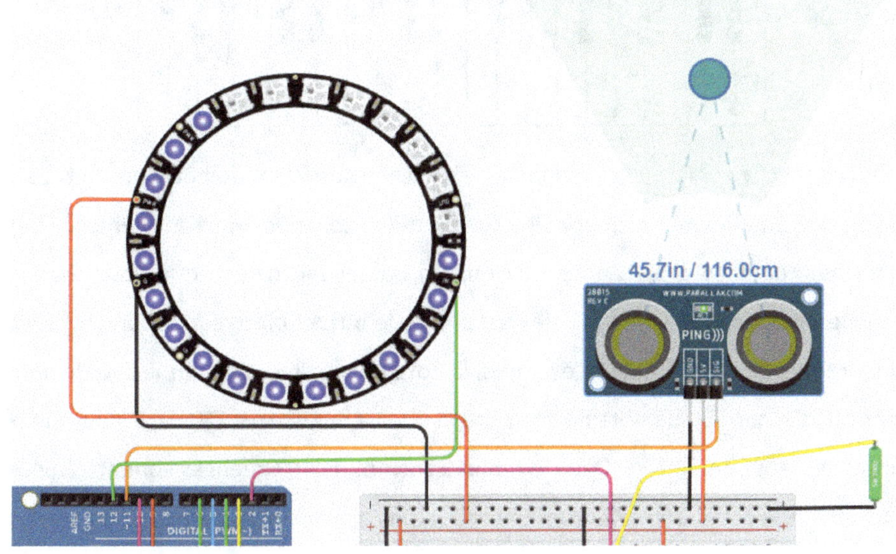

45.7in / 116.0cm
PING)))
WWW.PARALLAX.COM

8 Projet 5 | Mini-Piano

Dans ce projet, nous voulons reproduire quelques touches d'un clavier de piano. Pour cela, nous utilisons six capteurs de force qui représentent les touches C4, D4, E4, F4, G4 et A4 d'un clavier de piano. Nous utilisons également six buzzers piézoélectriques, chacun étant responsable d'une des touches.

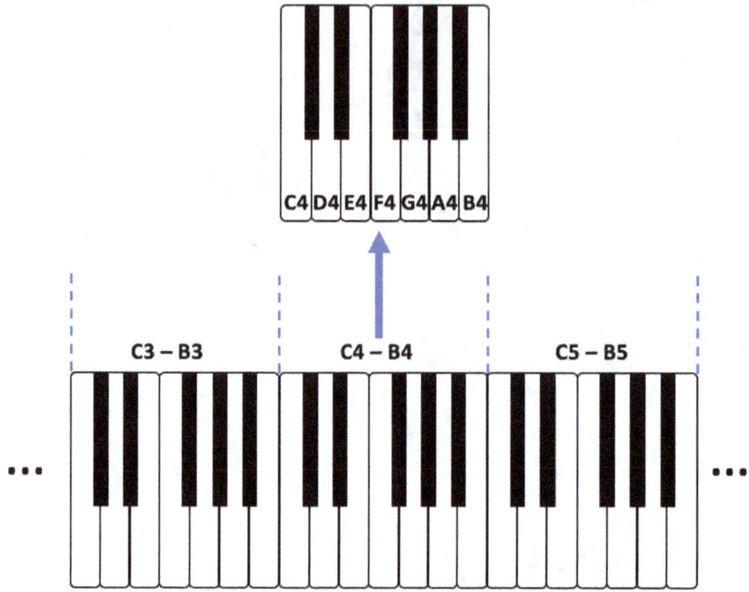

Selon la touche sur laquelle on appuie, le son correspondant doit être produit. Cela doit aussi fonctionner si tu appuies sur plusieurs touches en même temps. C'est pourquoi, dans ce projet, nous utilisons un buzzer piézoélectrique pour chaque touche. Pour chaque son, nous devons piloter le buzzer piézo correspondant avec une fréquence différente. Par exemple, la note A4, également connue sous le nom de note d'accord ou de note de chambre, a une fréquence de 440 Hz, tandis que la note C4 a environ 262 Hz. Dans le tableau suivant, les fréquences sont attribuées aux tons respectifs. Dans la programmation par blocs dans Tinkercad, nous avons également besoin d'un code spécifique pour chaque ton. Ceux-ci sont également indiqués dans le tableau. Dans la programmation basée sur le texte, nous pourrions d'ailleurs simplement utiliser la fréquence normale.

Son	Fréquence [Hz]	Code Tinkercad
C4	262	48
D4	294	50
E4	330	52
F4	349	53
G4	392	55
A4	440	57

Lorsqu'un "bouton" est appuyé (c'est-à-dire que le capteur de force mesure une force), la LED correspondante du bouton doit en plus s'allumer et rester allumée jusqu'à ce que le bouton soit relâché.

8.1 Composants nécessaires

Lien vers le projet Tinkercad : https://bit.ly/3apcY8D

Nombre	Désignation
1	Arduino Uno
1	Breadboard (petite)
6	Buzzer piézoélectrique (Piezo)
6	Capteur de force (force sensor)
6	LED (bleu)
6	1 kΩ Résistance pour les capteurs de force
6	1 kΩ Résistance pour les LEDs

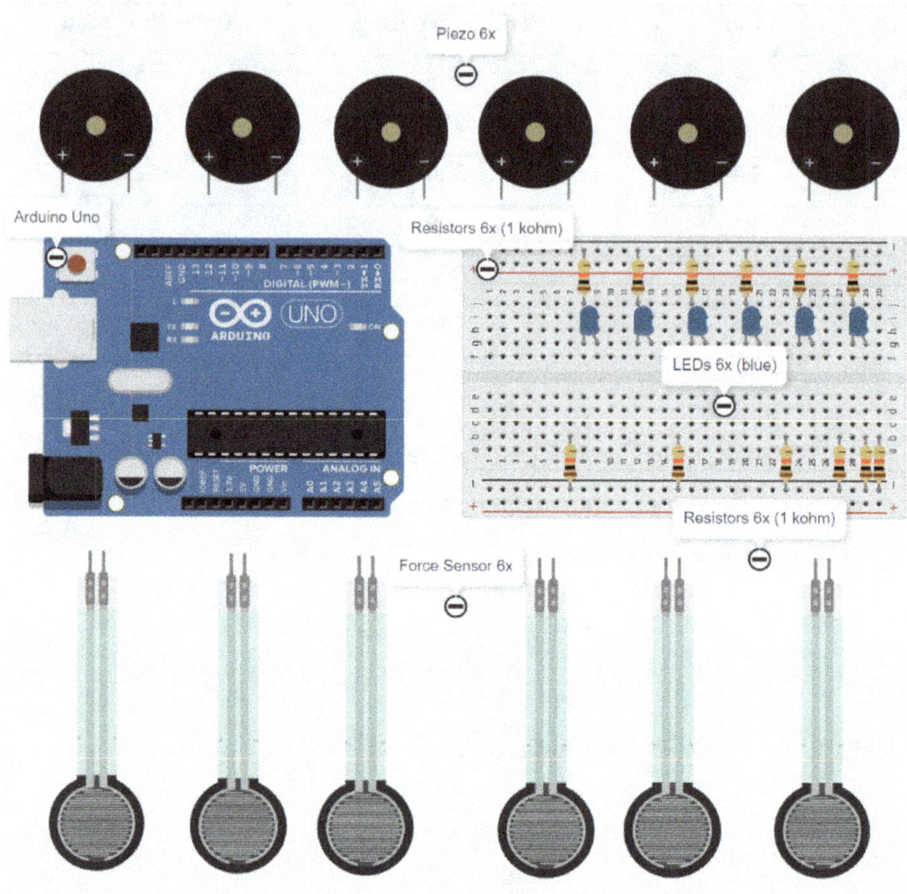

8.2 La conception du schéma électrique

Avant de procéder au câblage de nos composants, regardons d'abord à nouveau la vue schématique du schéma de câblage dont nous avons besoin.

Schéma de câblage :

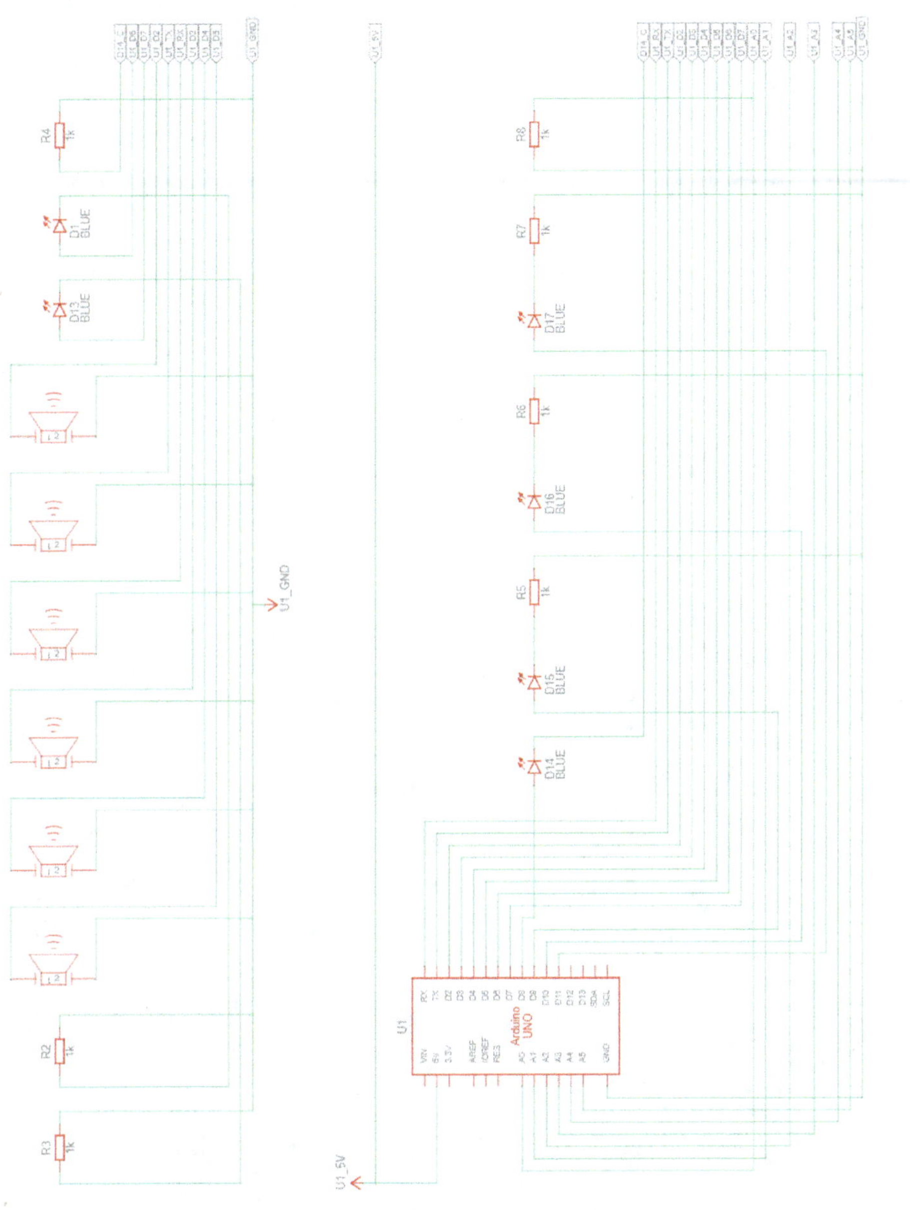

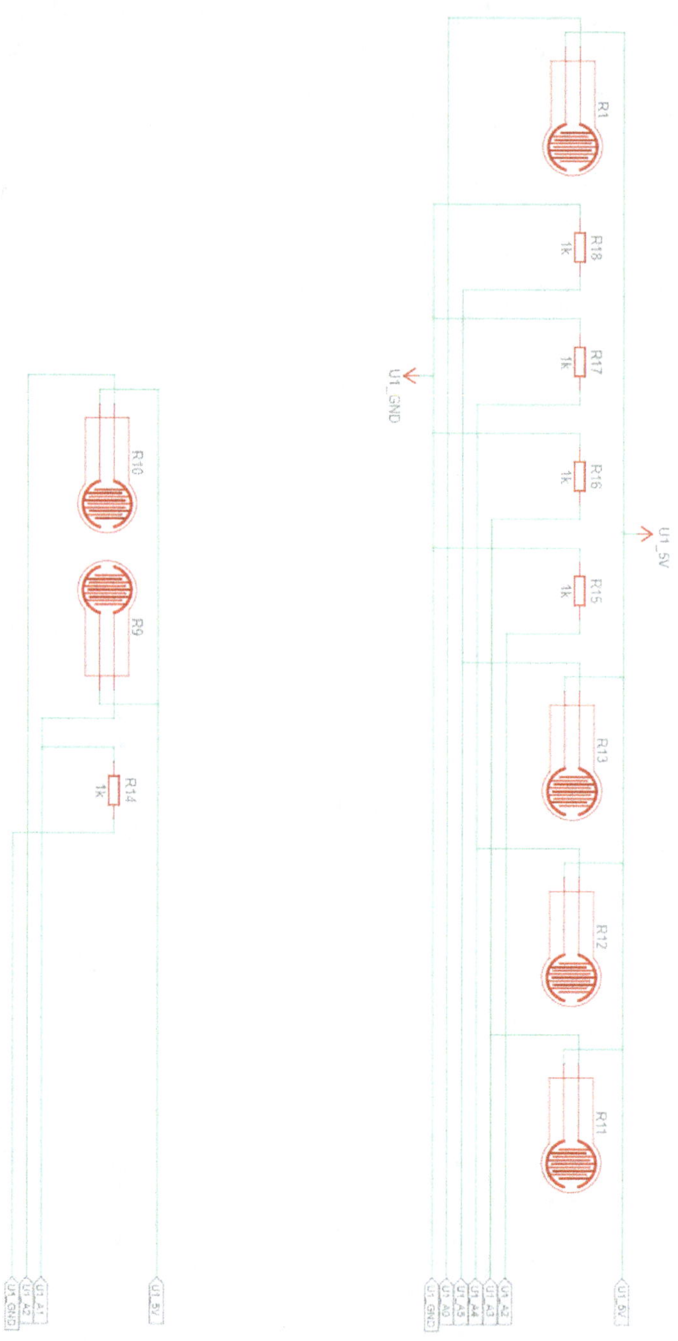

Pour le câblage, nous commençons comme d'habitude avec la breadboard comme point de départ au milieu du circuit et l'Arduino à gauche. Nous équipons notre breadboard avec les LED et les résistances, comme indiqué. De plus, nous alimentons le breadboard en électricité via l'Arduino ("GND" et "5V"). Nous connectons également, comme d'habitude, les lignes d'alimentation supérieure et inférieure du breadboard. Enfin, nous ajoutons quelques fils noirs très courts qui nous serviront plus tard pour la connexion des composants.

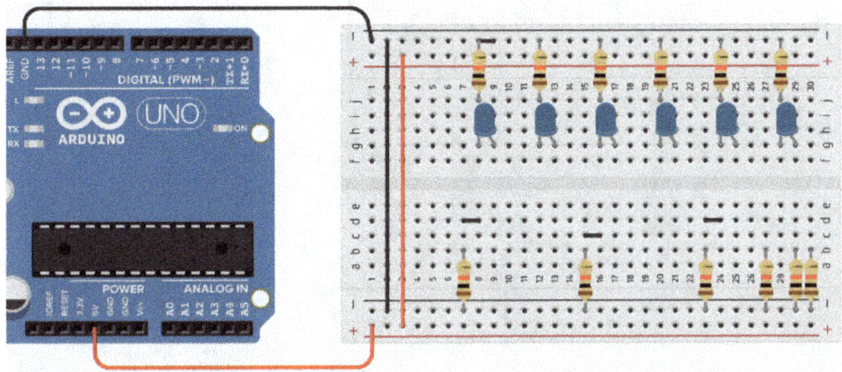

Ensuite, nous voulons connecter les LED. Comme elles ont déjà une connexion de la cathode au "-" grâce aux résistances, il ne nous faut plus qu'une connexion de l'anode à la carte Arduino. Il est préférable d'essayer toi-même avant de continuer ici (broches Arduino 6, 7, 8, 9, 10, 11).

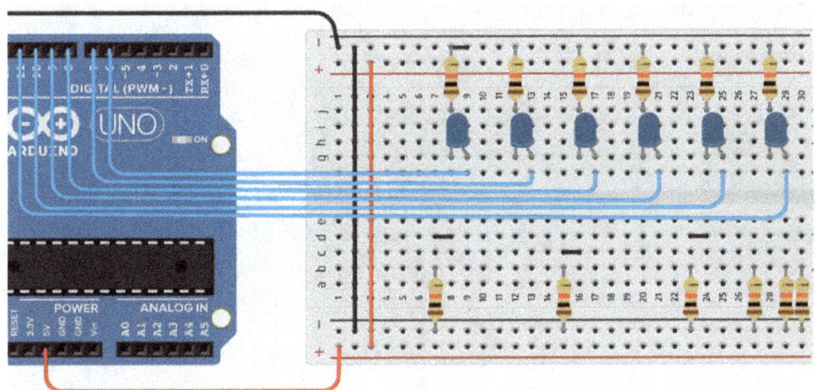

Ensuite, nous nous occupons de la connexion des capteurs de force. Pour cela, nous mettons d'abord un fil rouge et un fil noir des capteurs de force vers la breadboard, afin d'assurer l'alimentation électrique des capteurs.

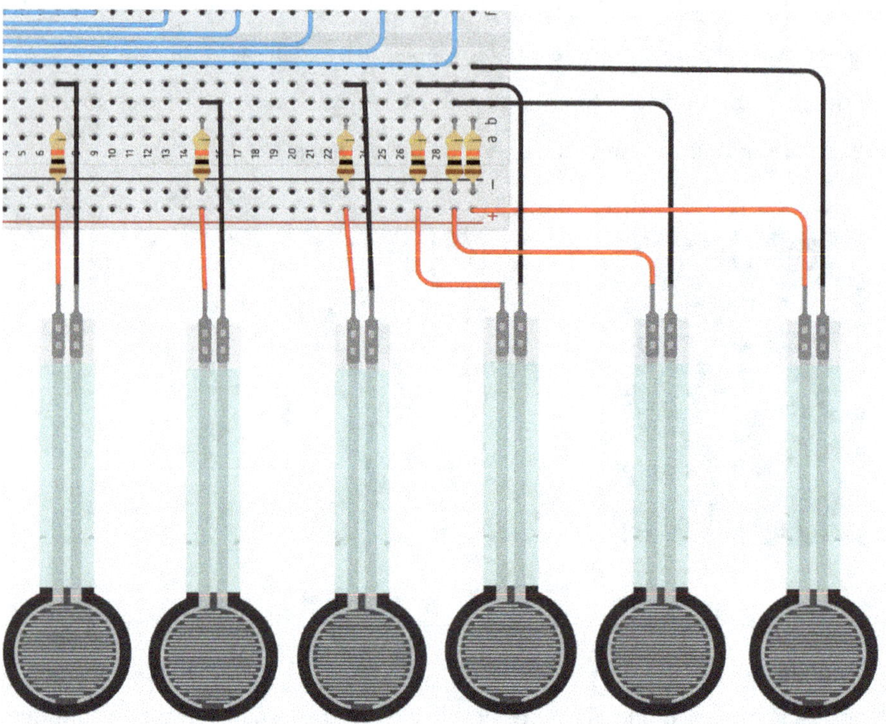

Il nous manque maintenant les lignes de données (vertes), que nous posons depuis les capteurs de force (point de connexion respectivement au-dessus des résistances via les lignes "+") vers les entrées analogiques A0 - A5.

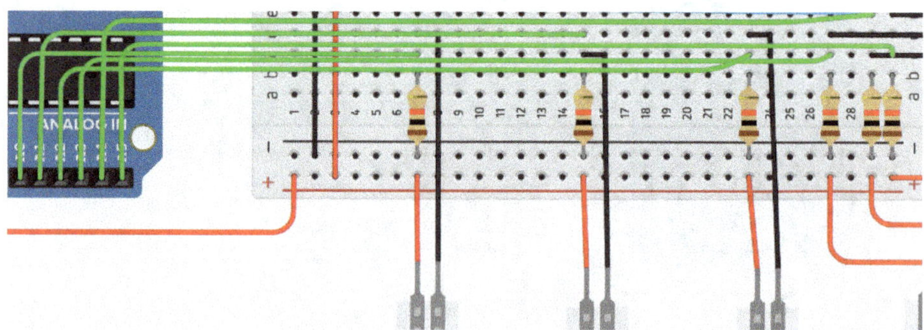

La dernière chose à faire est de connecter nos buzzers piézo-électriques. Pour cela, nous mettons d'abord des fils noirs du pôle "-" des buzzers piézo vers la ligne d'alimentation "-" du breadboard.

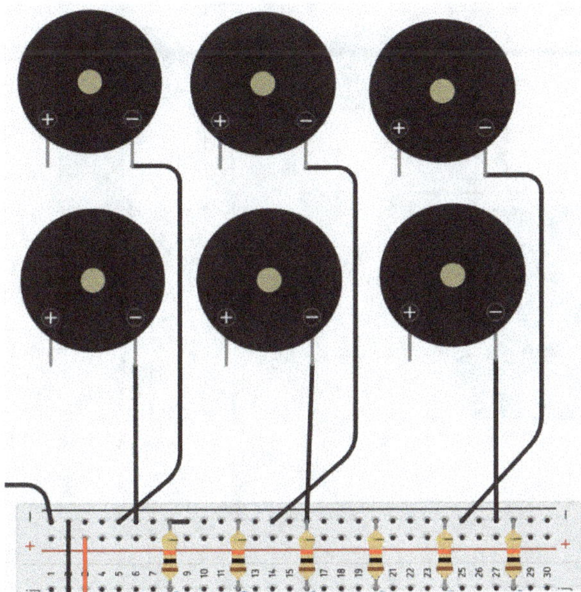

Pour que nous puissions également piloter les buzzers piézo, nous plaçons des lignes orange respectivement du pôle "+" des buzzers piézo vers les broches numériques 0, 1, 2, 3, 4 et 5.

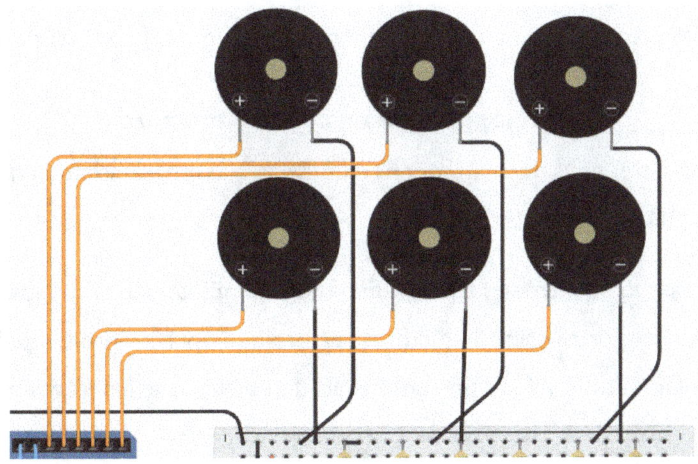

Schéma de câblage complet :

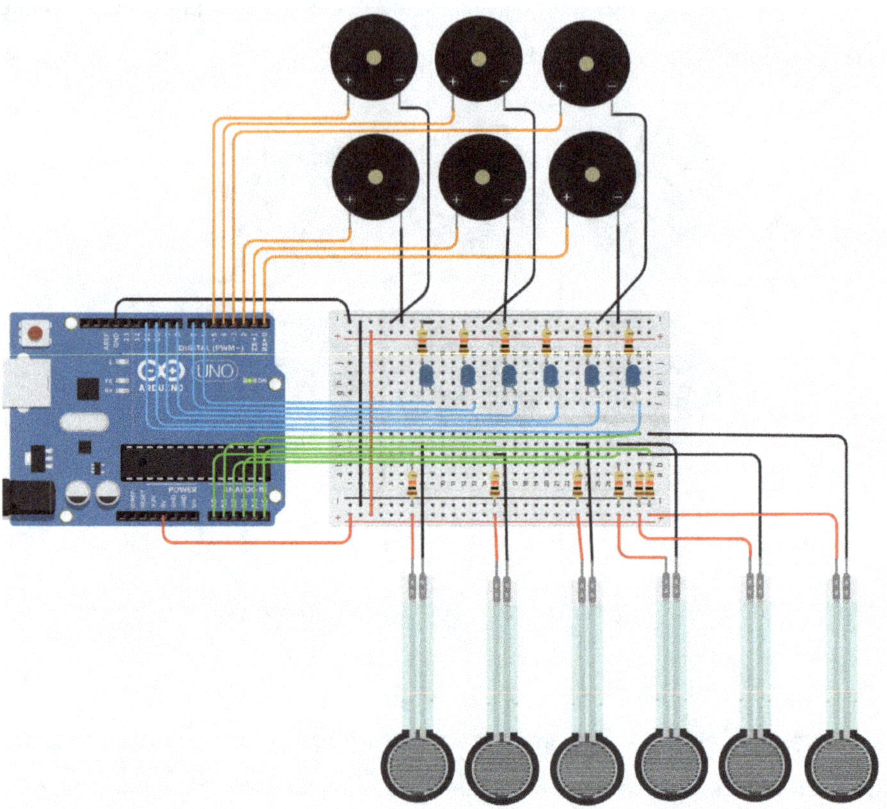

Grandiose ! Maintenant que nous avons réussi à connecter tous les composants, nous pouvons commencer à programmer notre dernier projet ! C'est parti !

8.3 Développement du code du programme

Dans ce chapitre, nous nous attaquons à nouveau à la programmation nécessaire, étape par étape.

Tu peux essayer de créer la programmation complète du projet de manière autonome. Pour cela, utilise la même structure que pour les projets précédents. Utilise également le tableau présenté précédemment avec les fréquences et les codes Tinkercad "tone". Tu trouveras la solution ci-dessous.

Étape 1

Dans la première étape, nous commençons - comme d'habitude - avec le bloc de titre optionnel (à trouver dans la catégorie "notation") et la description : "mini piano". Comme nous n'avons pas besoin de commandes qui ne sont exécutées qu'au démarrage, nous pouvons ajouter un bloc "on start" vide. Nous pourrions bien sûr le laisser de côté.

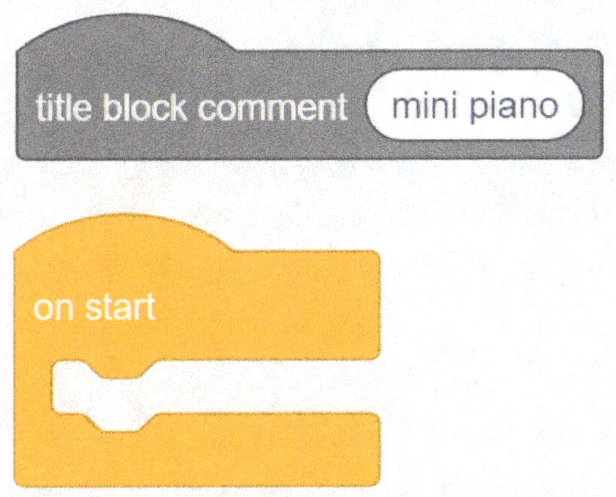

Étape 2

Dans la deuxième étape, nous commençons donc ici directement avec le bloc "forever" qui exécute notre code en boucle. Pour le premier son qui doit retentir sur le piézo n°1 (connexion à la broche 0 de l'Arduino), nous utilisons une condition if-else qui dit ceci : si la valeur lue du capteur de force (connexion : broche A0) est supérieure à la valeur seuil 70, alors d'une part la broche 6 doit recevoir la valeur "HIGH" (la LED doit s'allumer) et d'autre part le piézo doit jouer le son C4 avec le code "tone" 48 de Tinkercad (fréquence : 262 Hz). Nous commençons ici, en ce qui concerne les touches de piano, à gauche (touche C4 sur le piano) et nous avançons ensuite pas à pas vers la droite jusqu'à la touche A4 sur le piano.

Son	Fréquence [Hz]	Code Tinkercad
C4	262	48

Cela ressemble alors à ceci

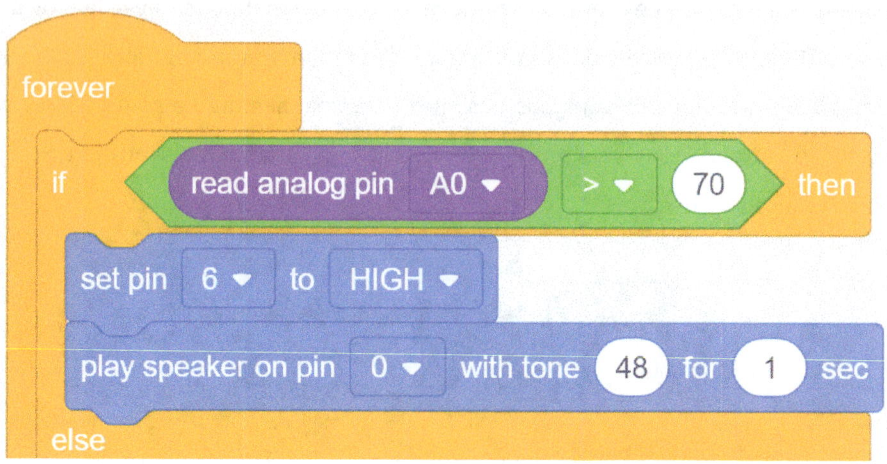

Nous avons maintenant besoin du code pour le cas où le capteur de force envoie à l'Arduino une valeur de mesure inférieure au seuil 70 (le bouton n'est pas appuyé ou relâché). Nous implémentons ce code directement dans la section "else" :

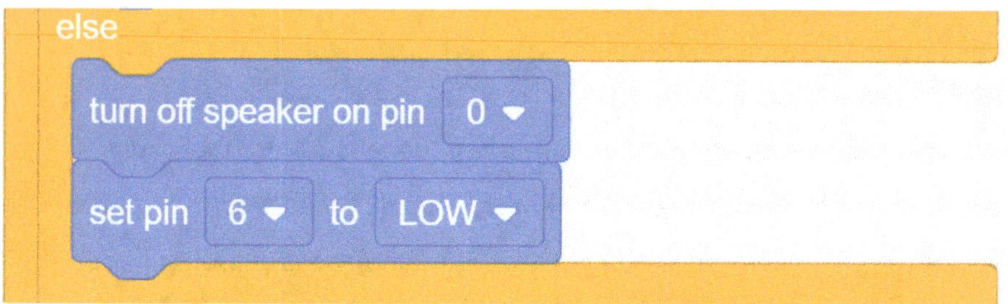

Le haut-parleur sur la broche 0 s'éteint et la LED correspondante s'éteint également.

Étape 3

Maintenant, nous devons répéter l'étape 2 pour tous les capteurs de force ou les buzzers piézo. Ici, il suffit de modifier les connexions respectives (capteur de force, piézo, LED) et le code Tinkercad "tone" - selon le son. Nous ajoutons les blocs de code directement sous les précédents. La structure reste identique. Pour le deuxième son D4, cela ressemblerait à ceci :

Son	Fréquence [Hz]	Code Tinkercad
D4	294	50

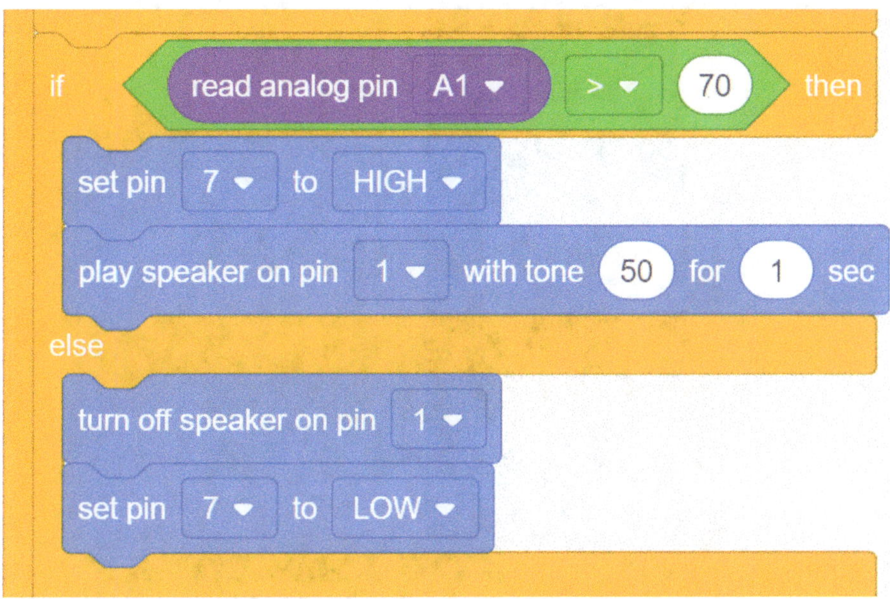

Étape 4 :

Il manque maintenant les quatre touches restantes avec les sons suivants :

Son	Fréquence [Hz]	Code Tinkercad
E4	330	52
F4	349	53
G4	392	55
A4	440	57

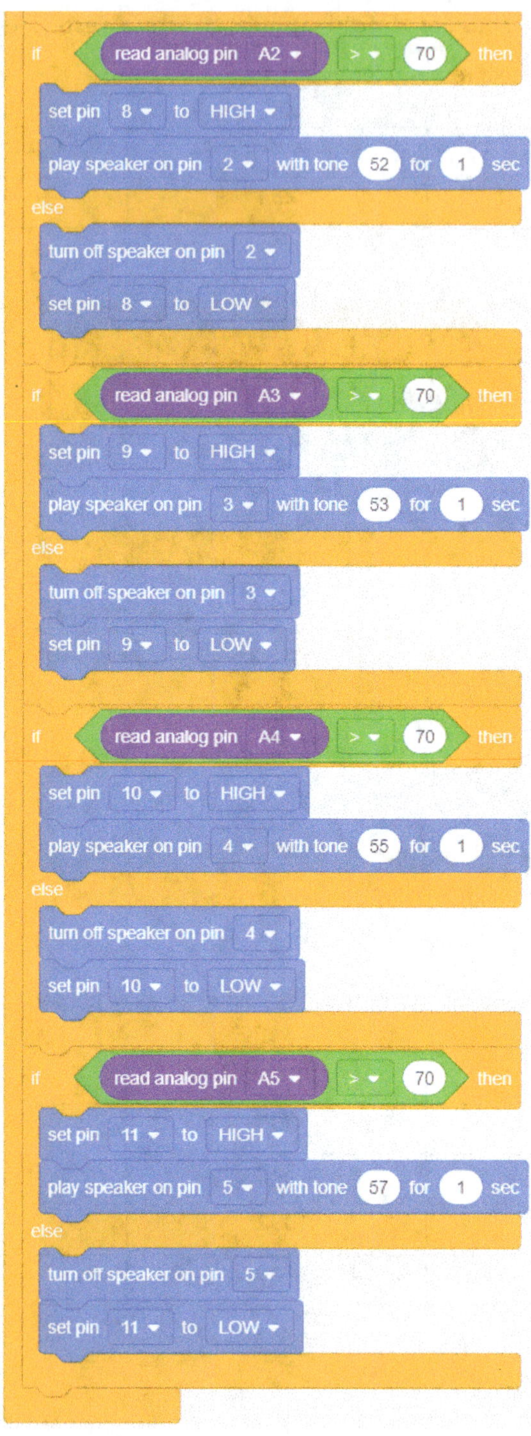

Code de programme complet :

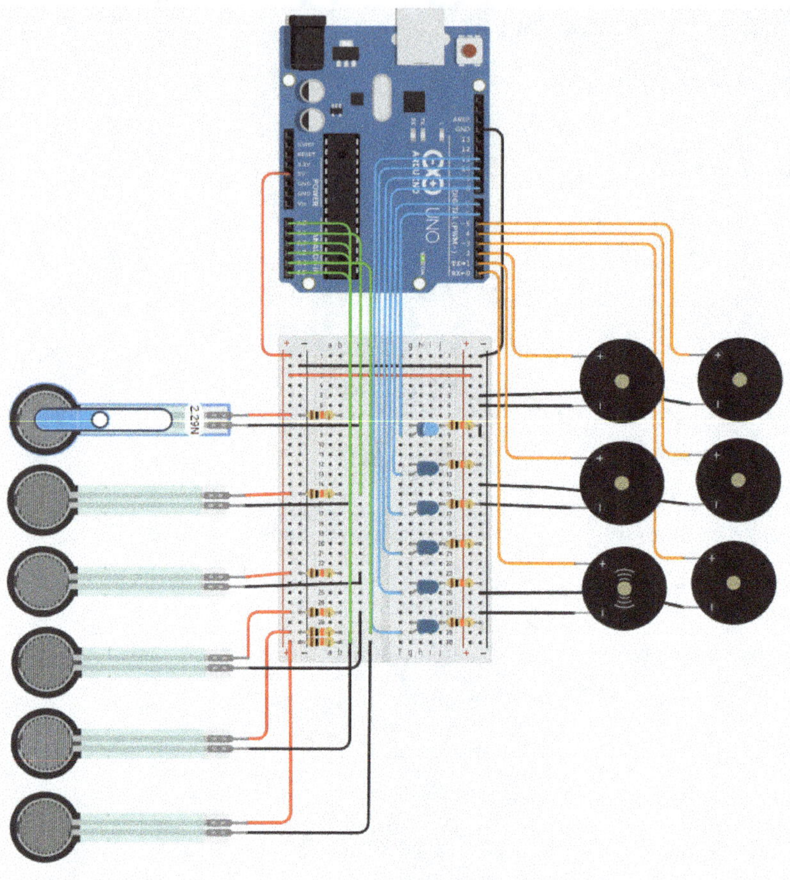

Parfait ! Maintenant, nous avons également terminé ce projet avec succès. Nous pouvons être fiers de nous ! Peut-être que tu as même réussi à le faire partiellement ou complètement de manière autonome. Dans ce cas, tu peux être fier de toi ! N'hésite pas à jeter un coup d'œil aux pages suivantes si tu t'intéresses non seulement à Arduino, mais aussi à d'autres sujets techniques.

Mot de la fin

Excellent !

Tu as réussi, tu as travaillé sur tous les projets. C'est une très bonne performance !

Dans ce livre, j'ai essayé de t'enseigner la création de schémas électroniques et la programmation d'un Arduino à l'aide du logiciel Tinkercad, à travers des projets DIY avancés et axés sur la pratique. J'espère que cela renforcera ton enthousiasme pour l'électronique et la programmation. Il devrait s'agir d'un livre qui crée une compréhension des connaissances théoriques de base et de l'application pratique.

Ensemble, nous avons fait du chemin dans ce cours ! Tu as raison d'être fier de toi si tu es arrivé jusqu'ici.

Si tu as aimé ce livre, je serais ravie que tu me laisses une évaluation et un bref commentaire et que tu le recommandes à d'autres personnes ! Cela aidera aussi d'autres personnes à la recherche d'un livre pratique comme celui-ci.

N'oublie pas de jeter un coup d'œil sur les pages suivantes. Tu y trouveras des livres sur des sujets similaires, les livres précédents de cette série de livres, ainsi qu'un livre sur l'ingénierie électrique et sur Tinkercad en général. Ces livres sont parfaits pour une entrée en matière encore plus détaillée sur le sujet en question. Procure-toi dès maintenant tes exemplaires !

Merci beaucoup !

Livres sur des sujets que vous pourriez également apprécier

Tous les livres sont disponibles en ligne sur les principales plateformes de vente. Il est préférable de rechercher le titre ou de visiter ma page d'auteur. Certains livres peuvent ne pas encore être publiés et ne seront pas disponibles avant un certain temps. Jetez un coup d'œil aux livres de votre choix et recevez-les chez vous sous forme de livre électronique ou de livre de poche !

Impression 3D :

CAO, FEM, FAO (Création d'objets 3D, Conception, Simulation) :

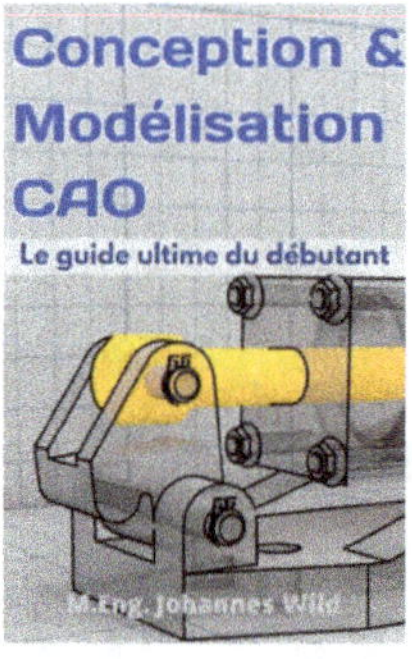

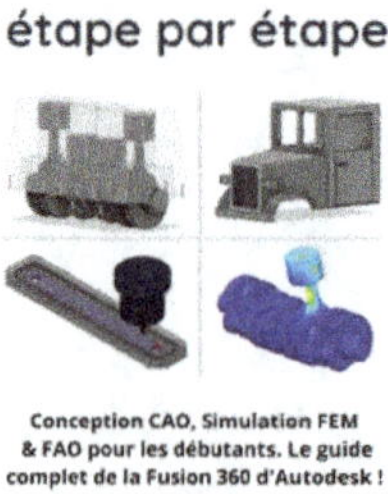

Ingénierie électrique :

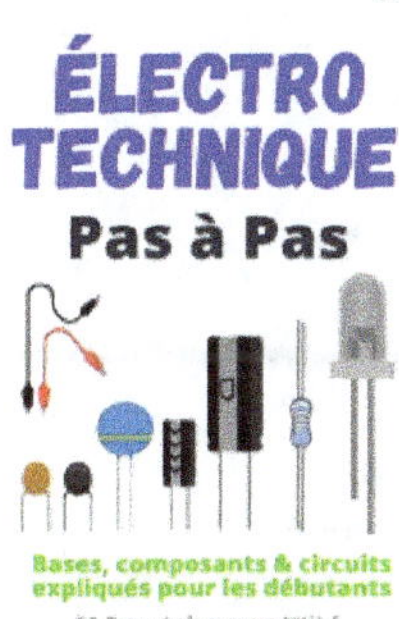

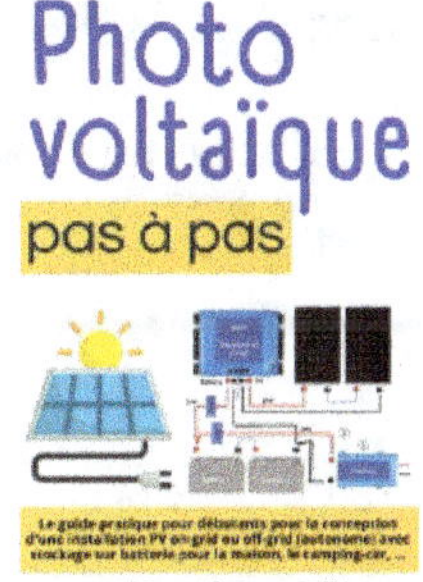

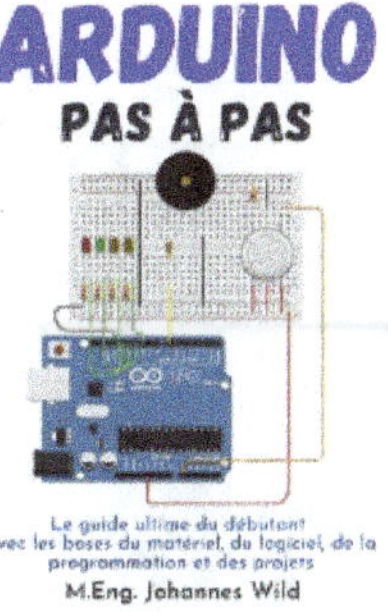

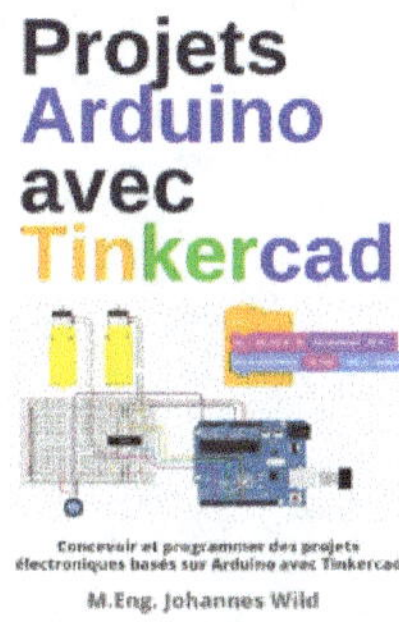

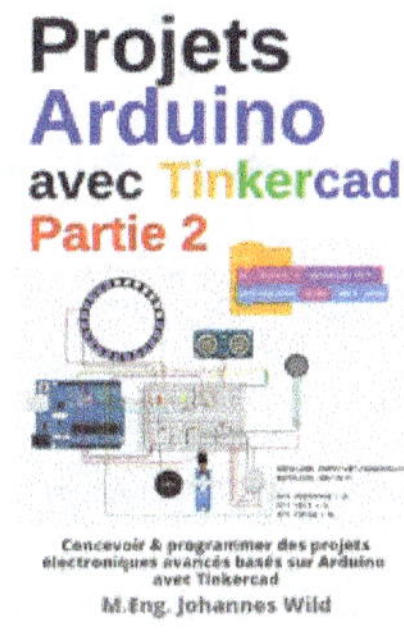

Programmation et autres logiciels :

Des cours vidéo identiques sont également disponibles pour certains de ces livres :

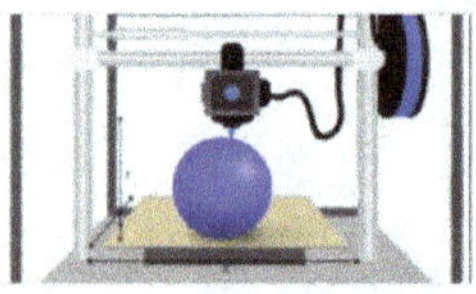

L'impression 3D | Un guide étape par étape
Le guide pratique pour les débutants créé par un ingénieur! Conçu pour une entrée immédiate dans l'impression 3D!
M.Eng. Johannes Wild
4.1 ★★★★☆ (32)
1.5 total hours • 20 lectures • All Levels
Highest rated

La conception en CAO | Modélisation pour débutants
Le guide pratique pour débutants pour créer des objets 3D avec un logiciel de CAO gratuit (pour l'impression 3D,...)
M.Eng. Johannes Wild
5.0 ★★★★★ (2)
1.5 total hours • 15 lectures • All Levels

Fusion 360 étape par étape | CAO, FEM et FAO pour débutants
Le guide pratique d'AUTODESK FUSION 360 ! Apprenez la conception, la simulation et la fabrication auprès d'un ingénieur
M.Eng. Johannes Wild
3.9 ★★★★☆ (7)
3.5 total hours • 24 lectures • Beginner

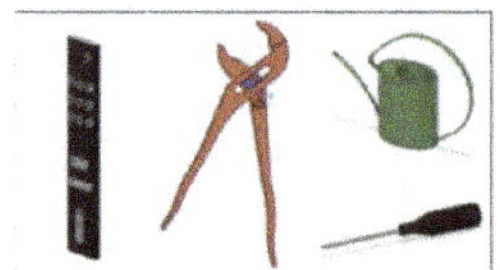

Fusion 360 | Projets de conception CAO - Partie 1
10 projets de conception CAO simples ou de difficulté moyenne expliqués pas à pas aux utilisateurs avancés
M.Eng. Johannes Wild
2 total hours • 12 lectures • Intermediate
New

...

Pour l'achat, vous pouvez vous décider sur la plateforme d'apprentissage "Udemy" :

Recherchez mon nom sur www.udemy.com :

M.Eng. Johannes Wild ou utilisez le lien suivant :

www.udemy.com/courses/search/?src=ukw&q=m.eng.+johannes+wild

Inscrivez-vous dès aujourd'hui et approfondissez vos connaissances !

Mentions légales de l'auteur / de l'éditeur

© 2023

Johannes Wild
c/o RA Matutis
Berliner Straße 57
14467 Potsdam
Germany

Courrier électronique : 3dtech@gmx.de

Cette œuvre est protégée par le droit d'auteur